안녕~ 만나서 반가워!
내 이름은 동그라미야~

그림으로 개념 잡는 초등수학

1-2

구성과 특징

이렇게 공부해 봐~

1. 제일 먼저, 개념 만나기부터!

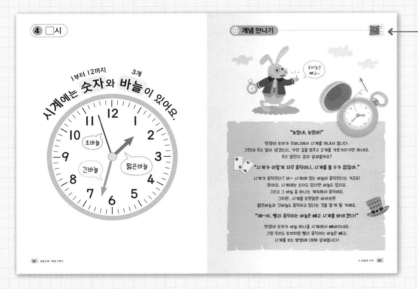

개념 만나기

꼭 알아야 하는
중요한 개념이
여기에 들어있어.
그냥 넘어가지 말고,
꼼꼼히 살펴봐~

2. 그 다음, 개념 쏙쏙과 개념 익히기

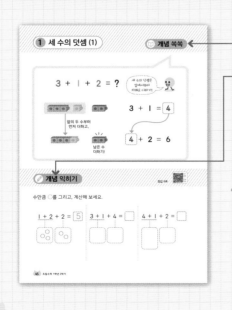

개념 쏙쏙

개념 익히기

개념 만나기에서 설명한 내용을 수학적으로 정리해 놓은
부분이지. 그래서, 이름도 개념 쏙쏙이야.
개념을 쏙쏙 친구의 것으로 만들었으면, 제대로 이해했는지
문제로 확인해 보는 게 좋겠지?
개념 익히기로 가볍게 개념을 확인해 봐~

3. 개념 다지기와 펼치기

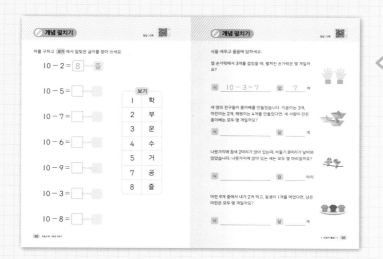

배운 개념을 문제를 통하여 우리 친구의 것으로 완벽히 만들어 주는 과정이지. 그러니까, 건너뛰는 부분 없이 다 풀어 봐야 해~ 수학의 원리를 연습할 수 있는 아주아주 좋은 문제들로만 엄선했다구.

4. 각 단원의 끝에는 개념 마무리

✔ 개념 마무리

얼마나 잘 이해했는지 스스로 확인해 봐~

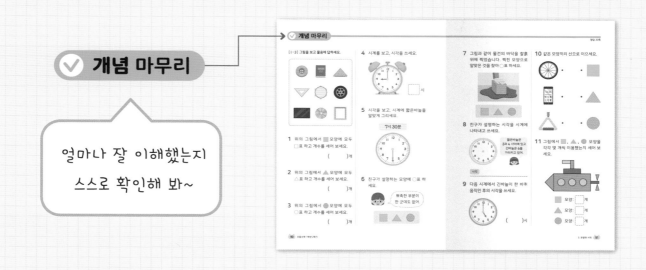

5. 그래도, 수학은 혼자 하기 어렵다구?

걱정하지 마~ 매 페이지 구석구석에 개념 설명과 문제 풀이 강의가 QR코드로 들어있다구~ 혼자 공부하기 어려운 친구들은 QR코드를 스캔해 봐~

공부 계획표

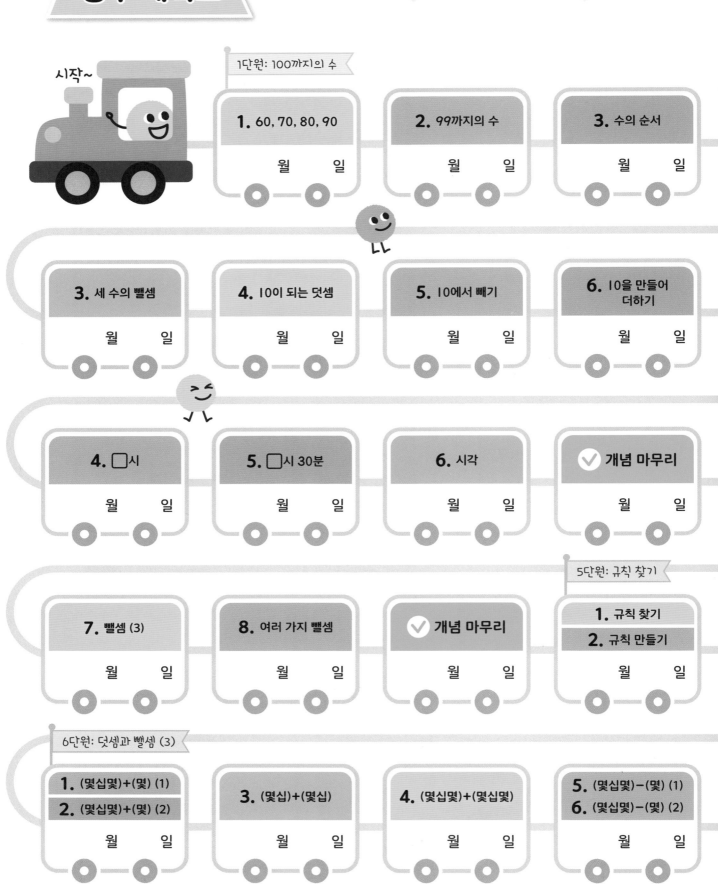

시작~

1단원: 100까지의 수

1. 60, 70, 80, 90
월　　일

2. 99까지의 수
월　　일

3. 수의 순서
월　　일

3. 세 수의 뺄셈
월　　일

4. 10이 되는 덧셈
월　　일

5. 10에서 빼기
월　　일

6. 10을 만들어 더하기
월　　일

4. □시
월　　일

5. □시 30분
월　　일

6. 시각
월　　일

✅ **개념 마무리**
월　　일

7. 뺄셈 (3)
월　　일

8. 여러 가지 뺄셈
월　　일

✅ **개념 마무리**
월　　일

5단원: 규칙 찾기

1. 규칙 찾기
2. 규칙 만들기
월　　일

6단원: 덧셈과 뺄셈 (3)

1. (몇십몇)+(몇) (1)
2. (몇십몇)+(몇) (2)
월　　일

3. (몇십)+(몇십)
월　　일

4. (몇십몇)+(몇십몇)
월　　일

5. (몇십몇)−(몇) (1)
6. (몇십몇)−(몇) (2)
월　　일

✏️ 동그라미와 함께 재미있게 공부하고 스스로 표시해 보세요.

2단원: 덧셈과 뺄셈 (1)

4. 수의 크기 비교
월　일

5. 짝수와 홀수
월　일

✅ 개념 마무리
월　일

1. 세 수의 덧셈 (1)
2. 세 수의 덧셈 (2)
월　일

3단원: 모양과 시각

✅ 개념 마무리
월　일

1. 여러 가지 모양 찾기
월　일

2. 여러 가지 모양 알기
월　일

3. 여러 가지 모양 꾸미기
월　일

4단원: 덧셈과 뺄셈 (2)

1. 덧셈 (1)
2. 덧셈 (2)
월　일

3. 덧셈 (3)
월　일

4. 여러 가지 덧셈
월　일

5. 뺄셈 (1)
6. 뺄셈 (2)
월　일

3. 수 배열에서 규칙 찾기
월　일

4. 수 배열표에서 규칙 찾기
월　일

5. 규칙을 간단하게 나타내기
월　일

✅ 개념 마무리
월　일

7. (몇십)−(몇십)
월　일

8. (몇십몇)−(몇십몇)
월　일

9. 덧셈과 뺄셈
월　일

✅ 개념 마무리
월　일

끝!

" 그림으로 개념 잡는 "
초등수학 이 나오게 됐냐면...

초등학교 1학년 수학 교과서를 본 적이 있어? 초등학교 1학년 과정에서 배우는 내용은 간단해. 그런데 창의력을 키운다는 명목으로 억지스럽고 낯선 유형의 문제들이 많아져서 교과서에 나오는 문제조차 복잡한 경우가 많이 있거든. 수의 기초를 배워야 하는 1학년에서 실생활과 연결해 응용하며 문제를 다뤄야 한다는 것이 복잡하고 어려워. 그러다 보니 개념을 충분히 연습하지 못한 채 응용문제를 접하게 되고, 이런 수학교육의 현실이 수학을 어렵고, 힘든 과목이라고 오해하게 만든 거야.

그래서 어려운 거였구나..

이 책은 지나친 문제 풀이 위주의 수학은 바람직하지 않다는 생각에서 출발했어. 초등학교 시기는 수학을 활용하기에 앞서 기초가 되는 개념을 탄탄히 다져야 하는 시기이기 때문이지. 그래서 꼭 알아야 하는 개념을 충분히 익힐 수 있도록 만들었어. 같은 유형의 문제를 기계적으로 풀게 하는 것이 아니라, 꼭 알아야 하는 개념을 단계적으로 연습할 수 있도록 구성했어.

키 수학
학습방법연구소

"어렵고 복잡한 문제로 수학에 흥미를 잃어가는
우리 아이들에게 수학은 결코 어려운 것이 아니며
즐겁고 아름다운 학문임을 알려주고 싶었습니다.
이제 우리 아이들은 수학을 누구보다 잘해 나갈 것입니다.
" 그림으로 개념 잡는 " 이 함께 할 테니까요!"
초등수학

1학년 2학기 초등수학 차례

약속해요

공부를 시작하기 전에
친구는 나랑 약속할 수 있나요?

1. **바르게 앉아서 공부합니다.**

2. **꼼꼼히 읽고, 개념 설명은 소리 내어 읽습니다.**

3. **바른 글씨로 또박또박 씁니다.**

4. **책을 소중히 다룹니다.**

약속했으면 아래에 서명을 하고, 지금부터 잘 따라오세요~

이름: _____ (인)

1 100까지의 수

이 단원에서 배울 내용

- 100까지의 수, 짝수와 홀수

1 60, 70, 80, 90

감을 한 상자에 10개씩 6상자 땄어요.
➡ 감이 60개

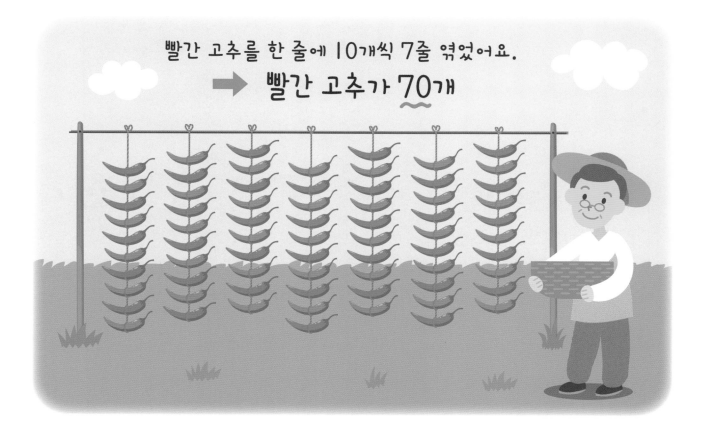

빨간 고추를 한 줄에 10개씩 7줄 엮었어요.
➡ 빨간 고추가 70개

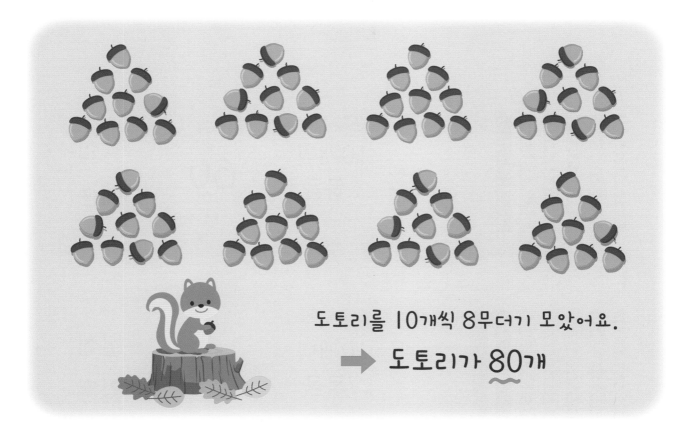

도토리를 10개씩 8무더기 모았어요.

➡ 도토리가 **80**개

송편을 한 접시에 10개씩 9접시 만들었어요.

➡ 송편이 **90**개

개념 쏙쏙

	10개씩 6묶음	60	육십 예순
	10개씩 7묶음	70	칠십 일흔
	10개씩 8묶음	80	팔십 여든
	10개씩 9묶음	90	구십 아흔

개념 익히기

정답 2쪽

수를 세어 빈칸을 알맞게 채우세요.

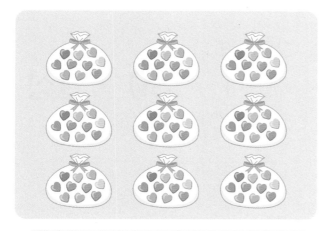

10개씩 묶음	낱개
9	0

➡ 쓰기: 90

10개씩 묶음	낱개

➡ 쓰기:

10개씩 묶음	낱개

➡ 쓰기:

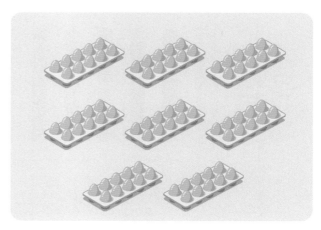

10개씩 묶음	낱개

➡ 쓰기:

어울리지 않는 것에 ✕표 하세요.

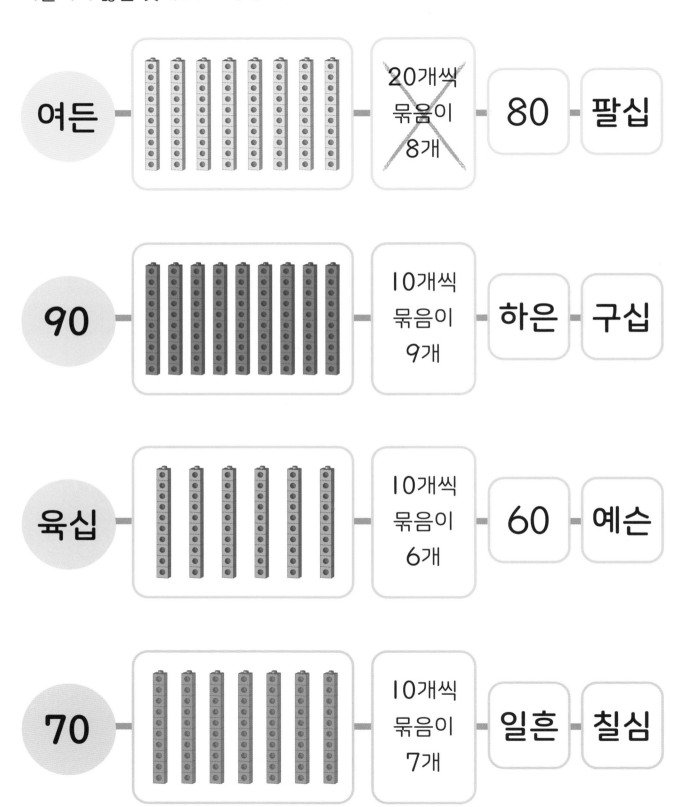

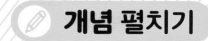

주어진 수를 나타내도록 막대를 더 색칠하세요.

70

60

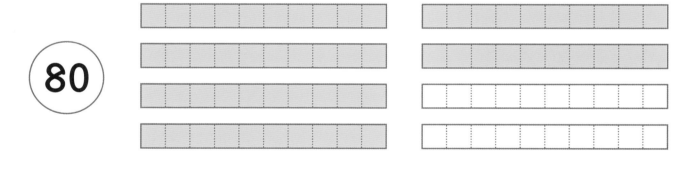

80

90

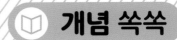
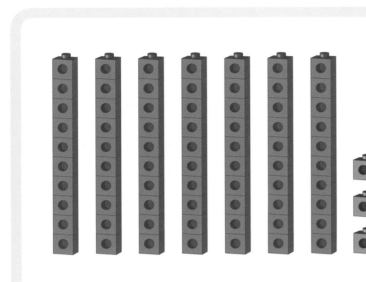

10개씩 묶음 **7**개와 낱개 **3**개

→ 쓰기: **73**

→ 읽기: 칠십삼

일흔셋

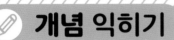
정답 3쪽

수를 세어 쓰세요.

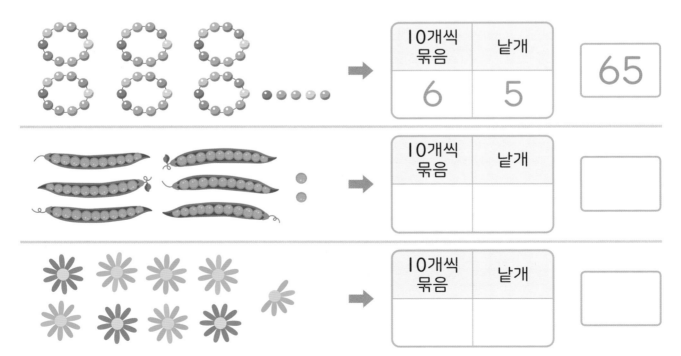

10개씩 묶음	낱개
6	5

65

10개씩 묶음	낱개

10개씩 묶음	낱개

개념 다지기

정답 3쪽

수를 세어 쓰세요.

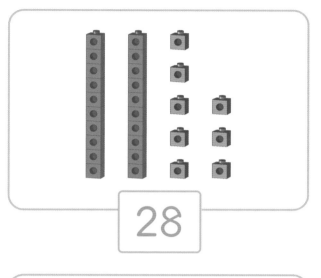

28

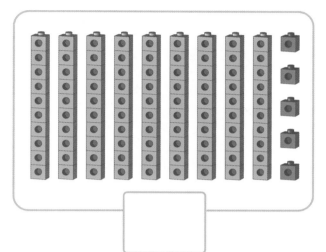

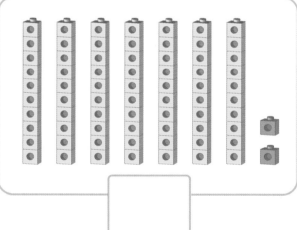

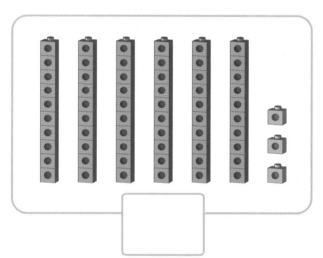

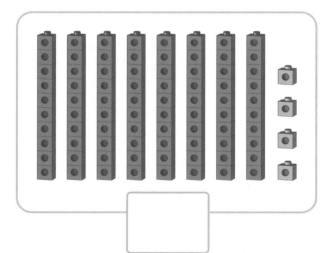

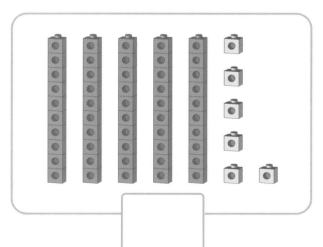

정답 3쪽

관계있는 것끼리 선으로 이으세요.

칠십일 •

팔십삼 •

사십구 •

구십사 •

오십오 •

육십팔 •

83 •

49 •

71 •

55 •

68 •

94 •

• 마흔아홉

• 여든셋

• 일흔하나

• 예순여덟

• 아흔넷

• 쉰다섯

빈칸을 알맞게 채우세요.

10개씩 묶음	낱개	쓰기	읽기	
7	4	74	칠십사	일흔넷
8			팔십일	여든하나
		53	오십삼	쉰셋
7			칠십구	일흔아홉
	7		육십칠	예순일곱
			구십오	아흔다섯

✏️ 개념 펼치기

수를 바르게 읽은 것을 따라 길을 찾고 도착한 곳의 도토리에 ○표 하세요.

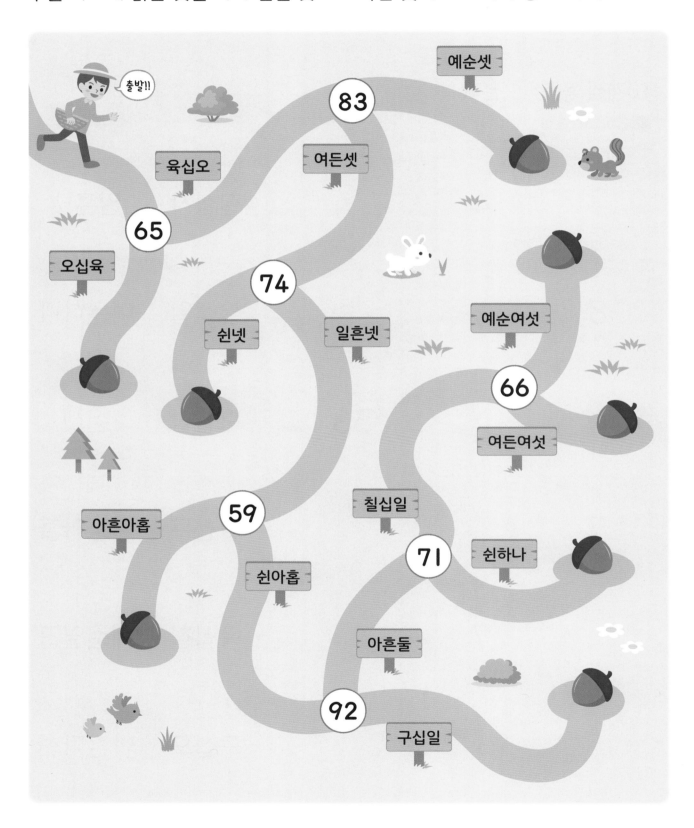

주어진 수 카드 **2**장으로 만들 수 있는 수를 모두 쓰고, 바르게 읽은 것과 이으세요.

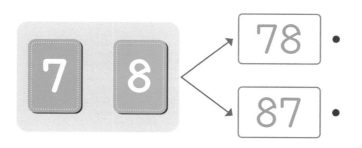

- 여든일곱
- 여든여덟
- 일흔여덟

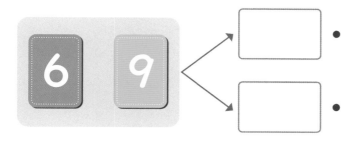

- 구십육
- 육십구
- 아흔아홉

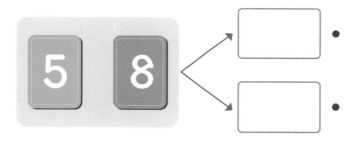

- 쉰여덟
- 예순다섯
- 팔십오

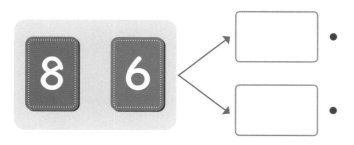

- 예순여덟
- 팔십육
- 아흔여섯

3 수의 순서

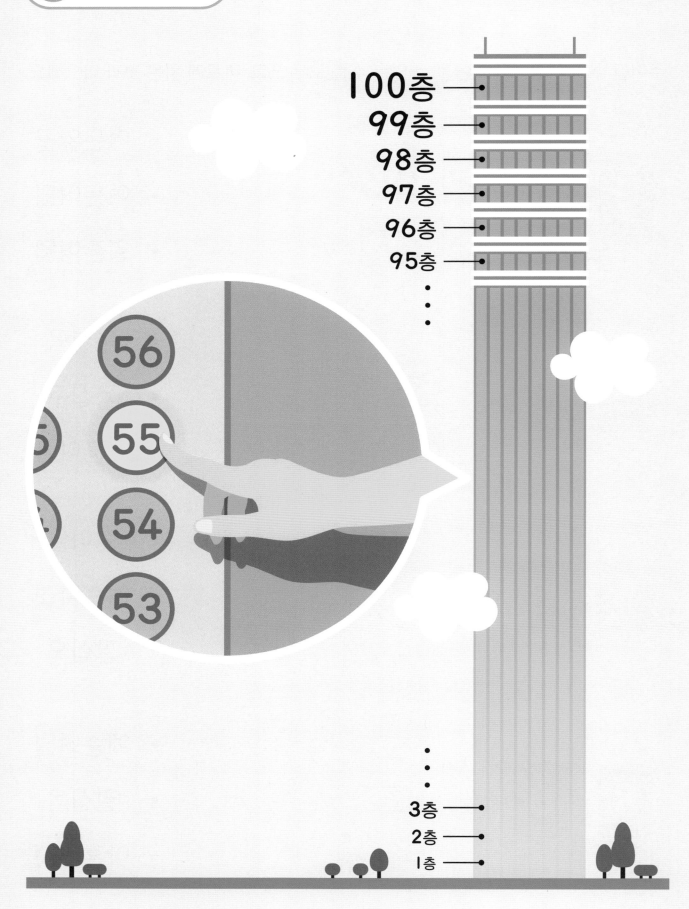

수의 순서가 아주 아주 많이 중요해~

1	2	3	4	5	6	7	8	9	10
11	12	13	14	15	16	17	18	19	20
21	22	23	24	25	26	27	28	29	30
31	32	33	34	35	36	37	38	39	40
41	42	43	44	45	46	47	48	49	50
51	52	53	54	55	56	57	58	59	60
61	62	63	64	65	66	67	68	69	70
71	72	73	74	75	76	77	78	79	80
81	82	83	84	85	86	87	88	89	90
91	92	93	94	95	96	97	98	99	100

3 수의 순서

- 93보다 1만큼 더 큰 수는 94입니다.
- 94보다 1만큼 더 작은 수는 93입니다.
- 99보다 1만큼 더 큰 수는 100입니다.

✏️ 개념 익히기

정답 4쪽

수의 순서에 따라 빈칸을 알맞게 채우세요.

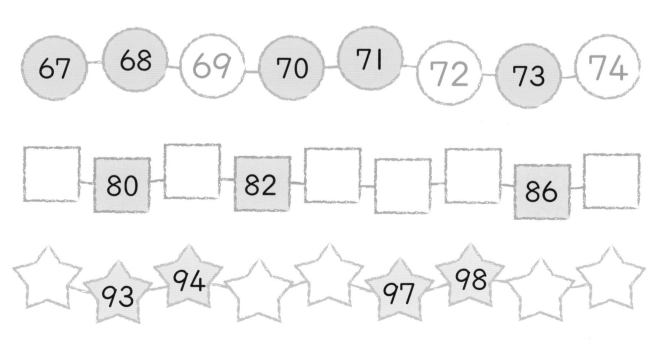

개념 다지기

극장 의자에 붙은 좌석 번호를 보고 빈칸을 알맞게 채우세요.

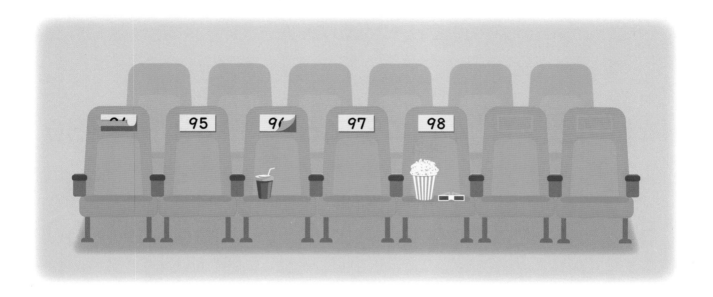

- 95보다 1만큼 더 큰 수는 96 입니다.

- 97보다 1만큼 더 작은 수는 ☐ 입니다.

- ☐ 는 98보다 1만큼 더 큰 수입니다.

- ☐ 는 95보다 1만큼 더 작은 수입니다.

- 99보다 1만큼 더 큰 수는 ☐ 입니다.

- ☐ 은 99보다 1만큼 더 작은 수입니다.

✏️ 개념 펼치기

정답 5쪽

수의 순서대로 빈칸을 알맞게 채우세요.

41	42	43	44	45	46		48		50
51		53	54		56		58	59	60
61	62	63		65		67	68		70
	72		74	75	76	77		79	
81		83	84		86	87	88		90
	92	93		95	96		98	99	

개념 펼치기

정답 5쪽

마을 안내도에 상점들의 번호가 순서대로 적혀 있습니다. 보기 의 상점 번호를 보고, 안내도의 위치에 알맞게 쓰세요.

보기

| 95 | 78 | 69 | 88 | 100 |

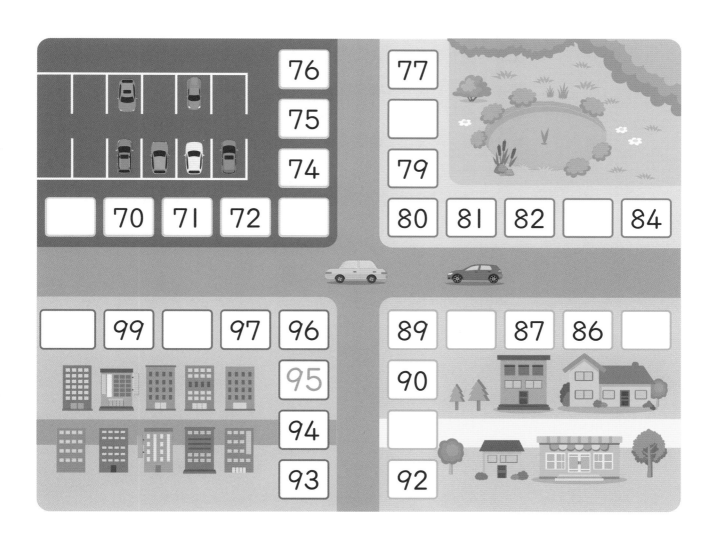

62는 63보다 작습니다.

62 < 63

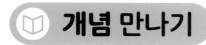

63은 62보다 큽니다.

63 > 62

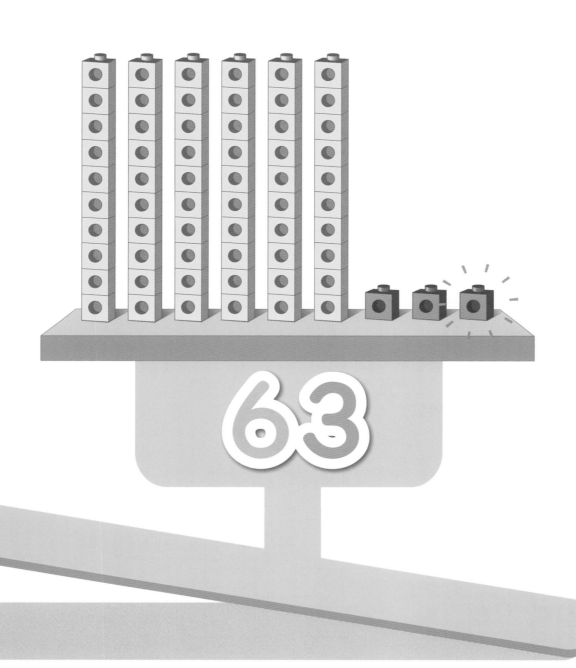

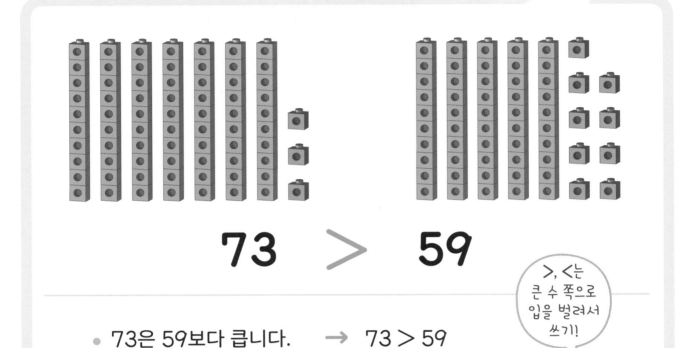

- 73은 59보다 큽니다. → 73 > 59
- 59는 73보다 작습니다. → 59 < 73

>, <는 큰 수 쪽으로 입을 벌려서 쓰기!

✏️ 개념 익히기

정답 5쪽

빈칸에 알맞은 수를 쓰세요.

$67 < 76$ ➡ [67]은 [76]보다 작습니다.

$81 > 53$ ➡ [   ]은 [   ]보다 큽니다.

$92 < 94$ ➡ [   ]는 [   ]보다 작습니다.

개념 다지기

두 수의 크기를 비교하여 알맞게 나타내세요.

61 < 73

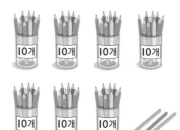

➡ 61은 73보다 (큽니다 , (작습니다)).

84 ◯ 75

➡ 84는 75보다 (큽니다 , 작습니다).

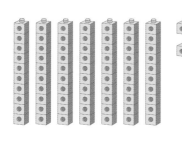

72 ◯ 69

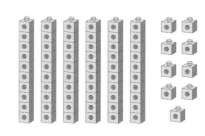

➡ 72는 69보다 (큽니다 , 작습니다).

93 ◯ 98

➡ 93은 98보다 (큽니다 , 작습니다).

개념 펼치기

정답 6쪽

수의 크기를 비교하여 작은 수를 따라갔을 때 도착하는 곳에 ◯표 하세요.

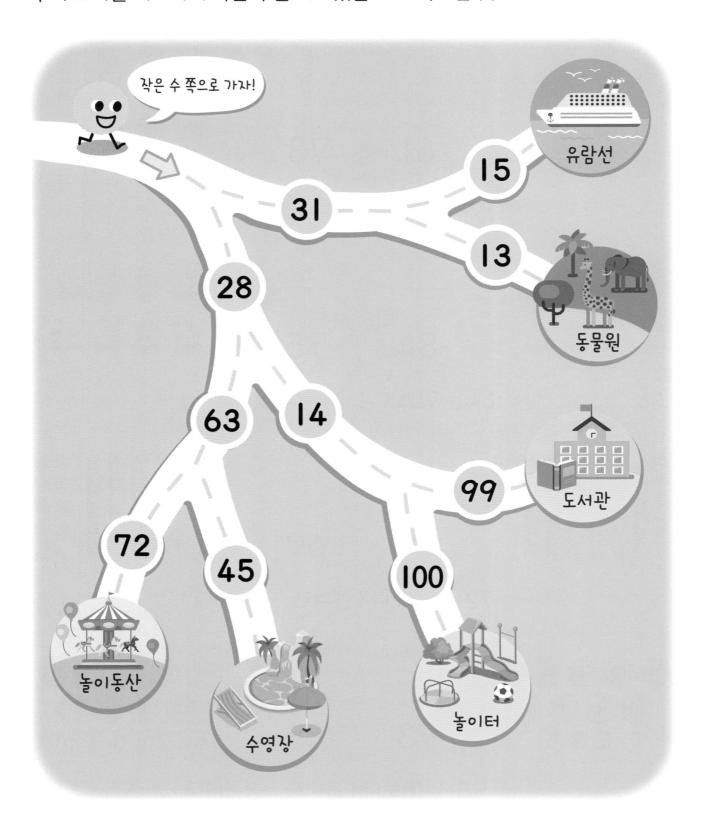

정답 6쪽

가장 큰 수에 ◯표, 그 다음 큰 수에 ☐표, 가장 작은 수에 △표 하세요.

☐ 31	◯ 45	△ 18
94	96	85
59	8	62
100	87	27
12	41	81
78	19	31

5 짝수와 홀수

개념 쏙쏙

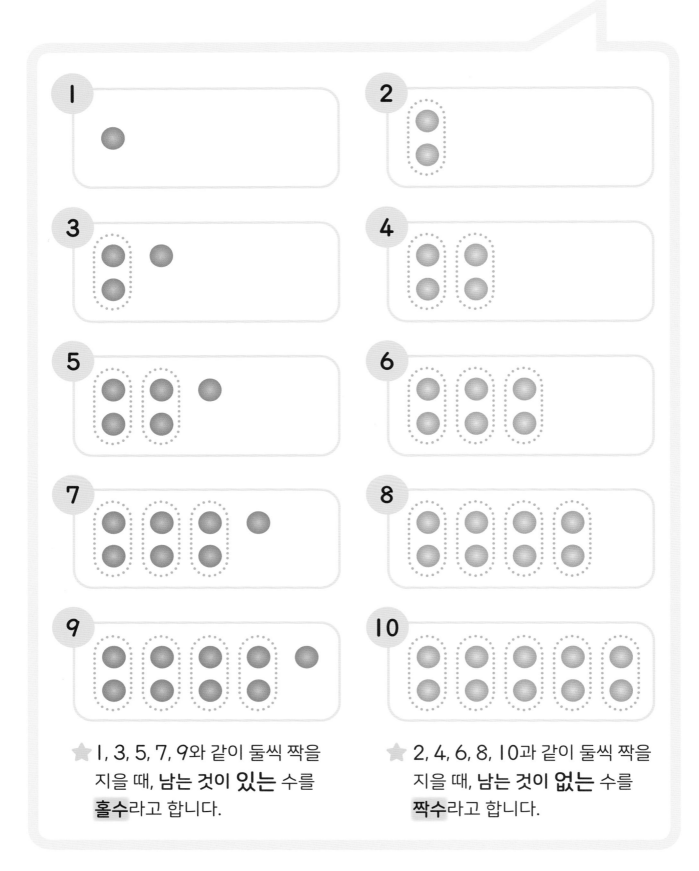

★ 1, 3, 5, 7, 9와 같이 둘씩 짝을 지을 때, **남는 것이 있는** 수를 홀수라고 합니다.

★ 2, 4, 6, 8, 10과 같이 둘씩 짝을 지을 때, **남는 것이 없는** 수를 짝수라고 합니다.

개념 익히기

양말을 둘씩 짝 지어 묶어 보고, 알맞은 말에 ○표 하세요.

13

13은 (짝수 , (홀수))입니다.

11

11은 (짝수 , 홀수)입니다.

16

16은 (짝수 , 홀수)입니다.

18

18은 (짝수 , 홀수)입니다.

15

15는 (짝수 , 홀수)입니다.

개수를 쓰고, 짝수인지 홀수인지 알맞은 말에 ◯표 하세요.

귀는 [2] 개,
(홀수 , 짝수)입니다.

입은 [ ] 개,
(홀수 , 짝수)입니다.

코는 [ ] 개,
(홀수 , 짝수)입니다.

목은 [ ] 개,
(홀수 , 짝수)입니다.

배꼽은 [ ] 개,
(짝수 , 홀수)입니다.

오른손의 손가락은
[ ] 개,
(홀수 , 짝수)입니다.

다리는 [ ] 개,
(홀수 , 짝수)입니다.

발은 [ ] 개,
(홀수 , 짝수)입니다.

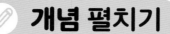

개념 펼치기

짝수만 적혀 있는 메모지에 ◯표, 홀수만 적혀 있는 메모지에 △표 하세요.

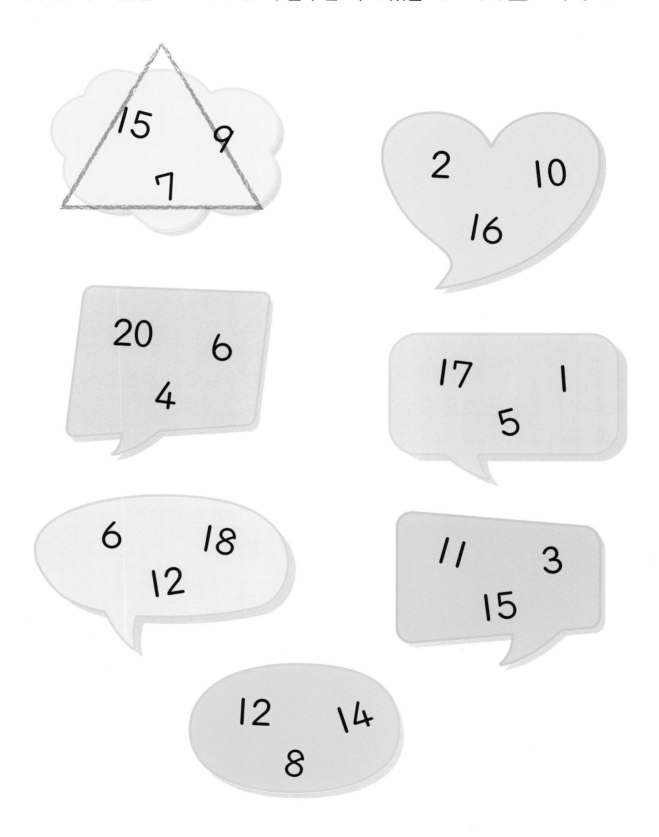

1 그림을 보고 빈칸에 알맞은 수를 쓰세요.

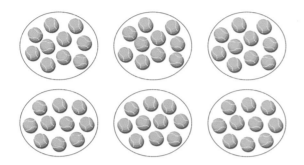

- 10개씩 묶음 ☐ 개는 ☐

  입니다.

2 수를 바르게 읽은 것을 모두 찾아 ○표 하세요.

90

(십구 , 구십 , 여든 , 아흔)

3 홀수를 모두 찾아 △표 하세요.

| 5 17 20 6 13 |

4 그림을 보고 10개씩 묶음의 개수와 낱개의 개수를 쓰세요.

10개씩 묶음	낱개

5 빈칸에 알맞은 수를 쓰세요.

(1) 85보다 1만큼 더 큰 수는 ☐

  입니다.

(2) 85보다 1만큼 더 작은 수는 ☐

  입니다.

6 두 수의 크기를 비교하여 ◯ 안에 >, <를 알맞게 쓰세요.

56 ◯ 59

7 수의 순서대로 빈 곳에 알맞은 수를 쓰세요.

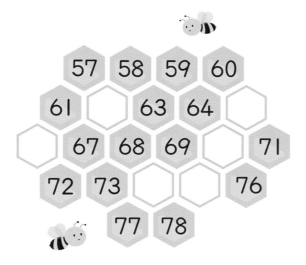

8 갈림길에서 만난 두 수 중 **큰 수**를 따라갔을 때 도착하는 곳은 어느 마을일까요?

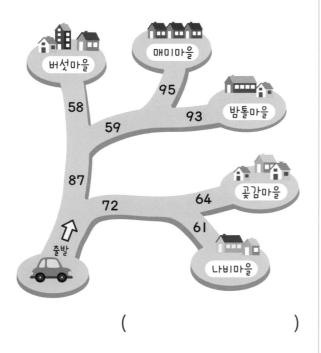

(   )

9 그림을 보고 빈칸을 알맞게 채우세요.

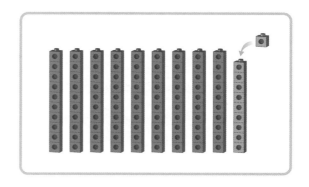

- 99보다 I만큼 더 큰 수를 [   ]이라고 쓰고, [   ]이라고 읽습니다.

10 개수가 짝수인 과일을 모두 찾아 ○표 하세요.

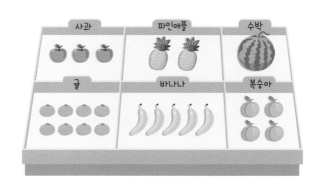

11 수를 세어 쓰세요.

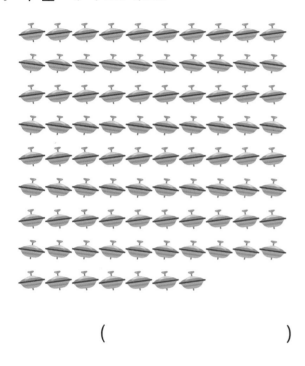

(   )

12 빈칸을 알맞게 채우세요.

52 [ ] [ ] 55 [ ] 57

13 수 카드에 적힌 수가 큰 것부터 순서대로 쓰세요.

52   72   94   76

(,   ,   ,   )

14 선으로 알맞게 이으세요.

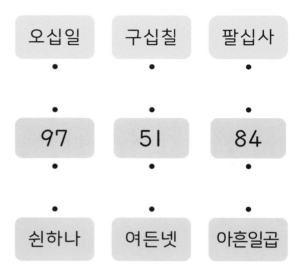

오십일   구십칠   팔십사

97   51   84

쉰하나   여든넷   아흔일곱

15 3장의 수 카드 중 2장을 뽑아 가장 큰 수를 만드세요.

5   8   6

(   )

16 주어진 수가 들어갈 위치를 찾아 선으로 이어 보세요.

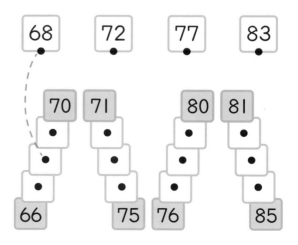

17 ? 안에 들어갈 수 있는 수에 모두 ◯표 하세요.

$$96 < 9\boxed{?}$$

0, 1, 2, 3, 4, 5, 6, 7, 8, 9

18 지호는 구슬 82개, 유나는 구슬 79개, 나희는 구슬 86개를 가지고 있습니다. 구슬이 가장 적은 사람의 이름을 쓰세요.

(   )

19 설명하는 수를 쓰세요.

- 60보다 큰 수입니다.
- 70보다 작은 수입니다.
- 10개씩 묶으면 낱개는 3개입니다.

(   )

정답 8쪽

✏서술형

20 수 카드를 작은 수부터 놓으려고 합니다. 69 는 어디에 놓아야 하는지 설명해 보세요.

보기

46   59   65   70

설명

_____

_____

_____

_____

상상력 키우기

1 여러분의 반 학생은 모두 몇 명인가요?
수를 쓰고, **2**가지 방법으로 읽어 보세요.

- 쓰기:

- 읽기:

2 여러분의 나이는 몇 살인가요? 짝수인지 홀수인지 써 보세요.

2 덧셈과 뺄셈 (1)

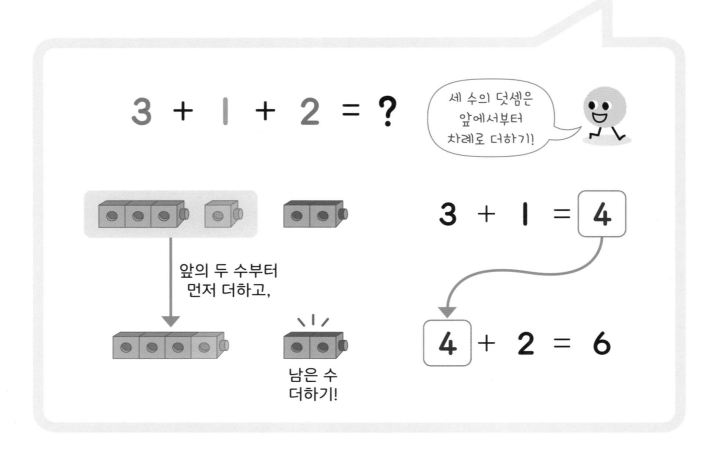

개념 익히기

정답 9쪽

수만큼 ○를 그리고, 계산해 보세요.

$1 + 2 + 2 = \boxed{5}$

$3 + 1 + 4 = \boxed{}$

$4 + 1 + 2 = \boxed{}$

빈칸에 알맞은 수를 써서 계산해 보세요.

$4 + 2 + 2 =$ 8

$4 + 2 =$ 6

6 $+ 2 =$ 8

$3 + 1 + 5 =$ ☐

$3 + 1 =$ ☐

☐ $+ 5 =$ ☐

$1 + 2 + 3 =$ ☐

$1 + 2 =$ ☐

☐ $+ 3 =$ ☐

$3 + 2 + 4 =$ ☐

$3 + 2 =$ ☐

☐ $+ 4 =$ ☐

$2 + 5 + 1 =$ ☐

$2 + 5 =$ ☐

☐ $+ 1 =$ ☐

$4 + 1 + 4 =$ ☐

$4 + 1 =$ ☐

☐ $+ 4 =$ ☐

• **더하기는 순서를 바꿔도 돼요.**

$$\boxed{2} + \triangle{1} = \triangle{1} + \boxed{2}$$

$$2 + 3 + 1 = 2 + 3 + 1$$

여기를 먼저
더해도 되고,

여기를 먼저
더해도 돼!

✏️ **개념 익히기**

정답 9쪽

그림을 보고 알맞은 덧셈식을 두 개 쓰세요.

$$\boxed{3} + \boxed{1}$$

$$\boxed{1} + \boxed{3}$$

$$\boxed{} + \boxed{}$$

$$\boxed{} + \boxed{}$$

$$\boxed{} + \boxed{}$$

$$\boxed{} + \boxed{}$$

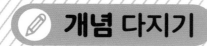

그림을 보고 빈칸에 알맞은 수를 쓰세요.

3 + 2 + 4

= 5 + 4

= 9

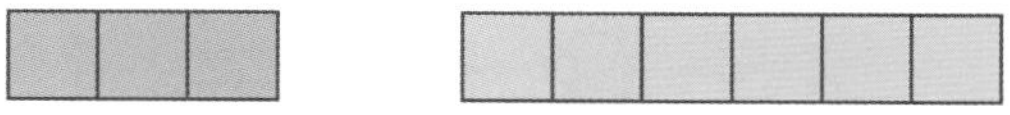

3 + 2 + 4

= 3 + ☐

= ☐

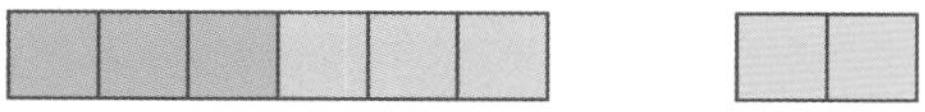

3 + 3 + 2

= ☐ + 2

= ☐

3 + 3 + 2

= 3 + ☐

= ☐

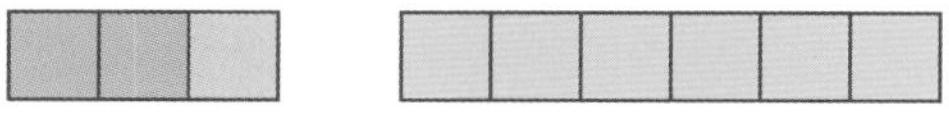

2 + 1 + 6

= ☐ + 6

= ☐

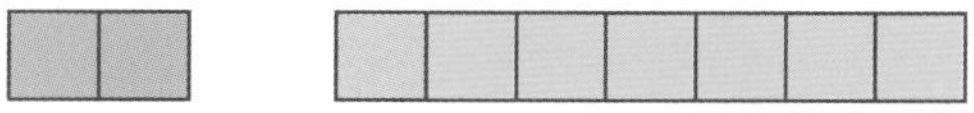

2 + 1 + 6

= 2 + ☐

= ☐

계산해 보세요.

$2 + 3 + 3 = \boxed{8}$

$1 + 7 + 1 = \boxed{}$

$1 + 2 + 6 = \boxed{}$

$1 + 1 + 5 = \boxed{}$

$4 + 1 + 4 = \boxed{}$

$5 + 2 + 1 = \boxed{}$

$3 + 3 + 1 = \boxed{}$

수 카드 두 장을 골라 덧셈식을 완성해 보세요.

| 1 | 6 | 3 | 4 |

$2 + \boxed{1} + \boxed{4} = 7$

| 5 | 1 | 3 | 2 |

$4 + \boxed{} + \boxed{} = 8$

| 3 | 4 | 5 | 2 |

$\boxed{} + \boxed{} + 1 = 9$

| 2 | 1 | 4 | 7 |

$\boxed{} + \boxed{} + 3 = 9$

| 4 | 3 | 2 | 6 |

$1 + \boxed{} + \boxed{} = 6$

| 5 | 1 | 7 | 4 |

$2 + \boxed{} + \boxed{} = 8$

📖 **개념 쏙쏙**

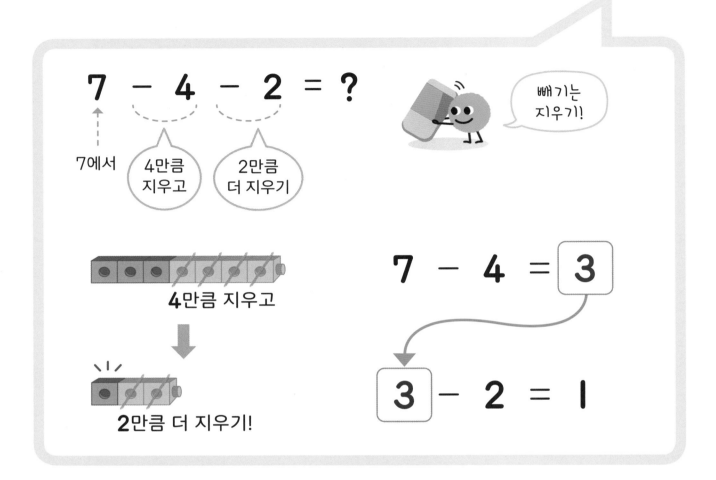

$$7 - 4 - 2 = ?$$

7에서

4만큼 지우고

2만큼 더 지우기

빼기는 지우기!

4만큼 지우고

2만큼 더 지우기!

$$7 - 4 = \boxed{3}$$

$$\boxed{3} - 2 = 1$$

✏️ **개념 익히기**

정답 10쪽

/로 지우면서 계산해 보세요.

$$8 - 4 - 2 = \boxed{2}$$

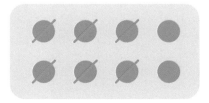

$$7 - 2 - 1 = \boxed{}$$

$$5 - 1 - 3 = \boxed{}$$

알맞게 ◯를 그리고, /로 지우면서 계산해 보세요.

$9 - 3 - 2 = \boxed{4}$

$6 - 2 - 3 = \square$

$8 - 2 - 3 = \square$

$5 - 1 - 2 = \square$

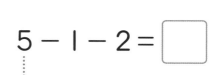

$6 - 2 - 2 = \square$

$8 - 3 - 1 = \square$

$7 - 1 - 4 = \square$

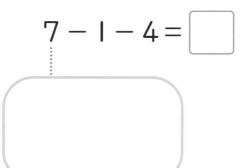

$9 - 1 - 3 = \square$

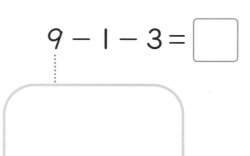

빈칸에 알맞은 수를 써서 계산해 보세요.

$7 - 4 - 2 =$ ☐1

> $7 - 4 =$ ☐3
>
> ☐3 $- 2 =$ ☐1

$8 - 3 - 4 =$ ☐

> $8 - 3 =$ ☐
>
> ☐ $- 4 =$ ☐

$5 - 1 - 2 =$ ☐

> $5 - 1 =$ ☐
>
> ☐ $- 2 =$ ☐

$9 - 2 - 5 =$ ☐

> $9 - 2 =$ ☐
>
> ☐ $- 5 =$ ☐

$8 - 6 - 1 =$ ☐

> $8 - 6 =$ ☐
>
> ☐ $- 1 =$ ☐

$9 - 4 - 1 =$ ☐

> $9 - 4 =$ ☐
>
> ☐ $- 1 =$ ☐

계산해 보세요.

$8 - 1 - 3 = \boxed{4}$

$6 - 3 - 2 = \boxed{}$

$5 + 2 + 1 = \boxed{}$

$4 + 2 + 3 = \boxed{}$

$8 - 5 - 2 = \boxed{}$

$9 - 3 - 5 = \boxed{}$

$1 + 3 + 4 = \boxed{}$

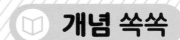

4 10이 되는 덧셈

개념 쏙쏙

● 두 가지 색 연결 모형으로 10 만들기

$1 + 9 = 10$
$9 + 1 = 10$

$2 + 8 = 10$
$8 + 2 = 10$

$3 + 7 = 10$
$7 + 3 = 10$

$4 + 6 = 10$
$6 + 4 = 10$

$5 + 5 = 10$

$6 + 4 = 10$
$4 + 6 = 10$

$7 + 3 = 10$
$3 + 7 = 10$

$8 + 2 = 10$
$2 + 8 = 10$

$9 + 1 = 10$
$1 + 9 = 10$

＊더하기는 순서를 바꿔서 계산해도 결과가 같아요.

빈 곳에 ◯를 그리고, 10이 되는 덧셈식을 완성하세요.

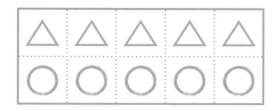

$5 + \boxed{5} = 10$

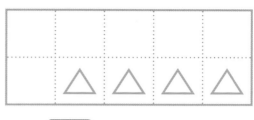

$\boxed{} + 4 = 10$

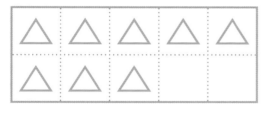

$8 + \boxed{} = 10$

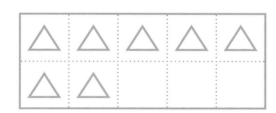

$7 + \boxed{} = 10$

$\boxed{} + 6 = 10$

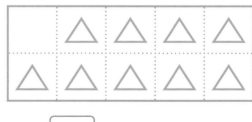

$\boxed{} + 9 = 10$

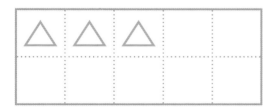

$3 + \boxed{} = 10$

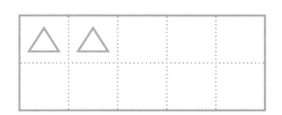

$2 + \boxed{} = 10$

더해서 10이 되도록 빈칸을 알맞게 채우세요.

$$2 + \boxed{8} = 10 \qquad\qquad 3 + \boxed{} = 10$$

$$\boxed{} + 4 = 10 \qquad\qquad 8 + \boxed{} = 10$$

$$\boxed{} + 5 = 10 \qquad\qquad \boxed{} + 1 = 10$$

$$7 + \boxed{} = 10 \qquad\qquad 4 + \boxed{} = 10$$

$$\boxed{} + 9 = 10 \qquad\qquad \boxed{} + 3 = 10$$

$$5 + \boxed{} = 10 \qquad\qquad \boxed{} + 2 = 10$$

더해서 10이 되는 칸만 지나도록 선을 그어 보세요.

출발 ➡️

9+1   6+3

2+6   1+9   5+4   8+1

8+1   4+6   7+2   1+8

3+6   5+5   7+3   2+8   1+9

1+8   2+7   4+4   6+4

5+4   6+3   8+2   5+5   7+2

4+5   3+7   7+2   4+5

4+6   9+1   8+2 ➡️

도착

 이번에는 10에서 빼 보자!

 $10 - 1 = 9$

 $10 - 2 = 8$

 $10 - 3 = 7$

 $10 - 4 = 6$

 $10 - 5 = 5$

 $10 - 6 = 4$

 $10 - 7 = 3$

 $10 - 8 = 2$

 $10 - 9 = 1$

✏️ **개념 익히기**

정답 12쪽

그림을 보고 빈칸을 알맞게 채우세요.

$10 - 3 = \boxed{7}$

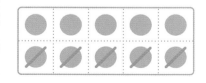

$10 - \boxed{} = \boxed{}$

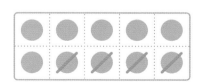

$\boxed{} - \boxed{} = \boxed{}$

개념 다지기

주어진 상황에 알맞은 뺄셈식을 만들어 보세요.

한 손에 바둑돌이 6개 있습니다.
바둑돌이 모두 10개라면 다른 손에 있는
바둑돌은 몇 개일까요?

➡ 10 − 6 = 4

달걀 10개 중에서 4개를 사용하여 음식을
만들었습니다. 남은 달걀은 몇 개일까요?

➡ 10 − ☐ = ☐

고리 10개 중에서 2개를 던졌습니다.
아직 던지지 않은 고리는 몇 개일까요?

➡ 10 − ☐ = ☐

친구 10명 중에 3명이 도착했습니다.
아직 오지 않은 친구는 몇 명일까요?

➡ 10 − ☐ = ☐

정답 13쪽

차를 구하고 보기 에서 알맞은 글자를 찾아 쓰세요.

$10 - 2 =$ 8 즐

$10 - 5 =$ ☐

$10 - 7 =$ ☐

$10 - 6 =$ ☐

$10 - 9 =$ ☐

$10 - 3 =$ ☐

$10 - 8 =$ ☐

보기	
1	학
2	부
3	운
4	수
5	거
7	공
8	즐

식을 세우고 물음에 답하세요.

열 손가락에서 **3**개를 접었을 때, 펼쳐진 손가락은 몇 개일까요?

식 ___$10 - 3 = 7$___ 답 ___7___ 개

세 명의 친구들이 종이배를 만들었습니다. 지윤이는 **3**개, 하진이는 **2**개, 혜원이는 **4**개를 만들었다면, 세 사람이 만든 종이배는 모두 몇 개일까요?

식 _____ 답 _____ 개

나뭇가지에 참새 **2**마리가 앉아 있는데, 비둘기 **8**마리가 날아와 앉았습니다. 나뭇가지에 앉아 있는 새는 모두 몇 마리일까요?

식 _____ 답 _____ 마리

머핀 **9**개 중에서 내가 **2**개 먹고, 동생이 **1**개를 먹었다면, 남은 머핀은 모두 몇 개일까요?

식 _____ 답 _____ 개

6 10을 만들어 더하기

순서대로
더하기

$$2 + 6 + 4 = ?$$

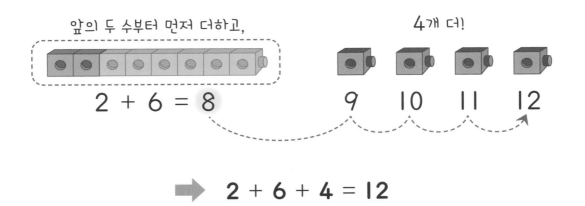

앞의 두 수부터 먼저 더하고,

4개 더!

$$2 + 6 = 8$$

9   10   11   12

➡ $$2 + 6 + 4 = 12$$

✏️ 개념 익히기

아래 그림을 이용하여 세 수를 앞에서부터 순서대로 더해 보세요.

| 1 | 2 | 3 | 4 | 5 | 6 | 7 | 8 | 9 | 10 | 11 | 12 | 13 | 14 | 15 | 16 |

3   6

$4+3+6=\boxed{13}$ $3+7+2=\boxed{}$ $1+5+9=\boxed{}$

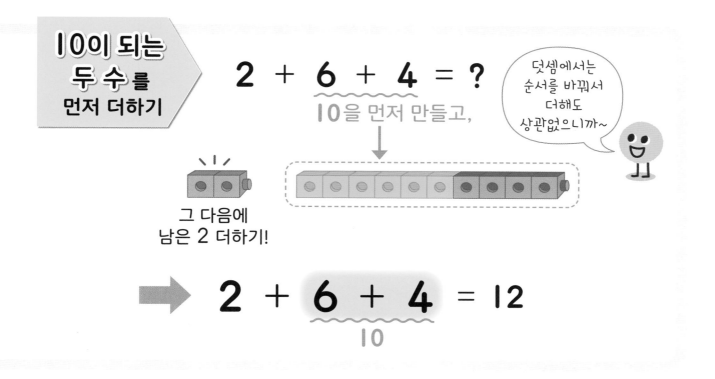

10이 되는 두 수를 먼저 더하기

$$2 + 6 + 4 = ?$$

10을 먼저 만들고,

덧셈에서는 순서를 바꿔서 더해도 상관없으니까~

그 다음에 남은 2 더하기!

➡ $2 + 6 + 4 = 12$

10

✏️ 개념 익히기

정답 13쪽

더해서 10이 되는 두 수에 ○표 하고, 세 수의 합을 구하세요.

⑤ + ⑤ + 7 = 17

$$9 + 7 + 3 = \boxed{}$$

$$2 + 8 + 6 = \boxed{}$$

연결한 두 수가 10이 되도록 ○ 안에 알맞은 수를 쓰고, 세 수의 합을 구하세요.

$4 + 4 + \textcircled{6} = \boxed{14}$

10

$\bigcirc + 2 + 5 = \boxed{}$

10

$9 + \bigcirc + 7 = \boxed{}$

10

$1 + 6 + \bigcirc = \boxed{}$

10

$\bigcirc + 5 + 2 = \boxed{}$

10

$\bigcirc + 3 + 8 = \boxed{}$

10

$6 + \bigcirc + 2 = \boxed{}$

10

개념 펼치기

정답 14쪽

식을 세우고 물음에 답하세요.

현수는 색종이로 개구리 7마리, 학 4마리, 거북이 6마리를 만들었습니다. 현수가 색종이로 만든 동물은 모두 몇 마리일까요?

식 $7 + 4 + 6 = 17$ 답 17 마리

승민이는 수학 문제집을 2쪽 풀고, 윤아는 8쪽 풀고, 도현이는 9쪽 풀었습니다. 세 사람이 푼 수학 문제집은 모두 몇 쪽일까요?

식 _____ 답 ___ 쪽

채슬이네 어항에는 빨간색 금붕어가 4마리, 검은색 금붕어가 5마리, 하얀색 금붕어가 5마리 있습니다. 채슬이네 어항에 있는 금붕어는 모두 몇 마리일까요?

식 _____ 답 ___ 마리

은찬이는 동화책 7권, 만화책 3권, 위인전 6권을 읽었습니다. 은찬이가 읽은 책은 모두 몇 권일까요?

식 _____ 답 ___ 권

[1~2] 그림을 보고 물음에 답하세요.

1 도넛, 케이크, 쿠키는 모두 몇 개
일까요?

(   )개

2 도넛, 케이크, 쿠키는 모두 몇 개
인지 구하는 덧셈식을 만들고 계
산해 보세요.

$$\boxed{} + \boxed{} + \boxed{} = \boxed{}$$

3 그림에 맞는 뺄셈식을 만들고 계
산해 보세요.

$$8 - \boxed{} - \boxed{} = \boxed{}$$

4 8-1-4를 계산할 때, 빈칸을 알
맞게 채우세요.

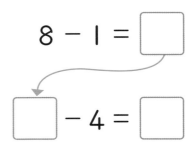

$$8 - 1 = \boxed{}$$

$$\boxed{} - 4 = \boxed{}$$

5 그림을 보고, 2가지 방법으로 덧
셈식을 만들어 계산해 보세요.

모자를
먼저 : $\boxed{} + \boxed{} = \boxed{}$

우산을
먼저 : $\boxed{} + \boxed{} = \boxed{}$

6 펼친 손가락이 몇 개인지 구하는
식을 완성해 보세요.

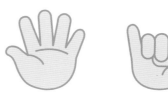

$$10 - \boxed{} = \boxed{}$$

7 ♡모양에 적혀 있는 수를 모두 더하세요.

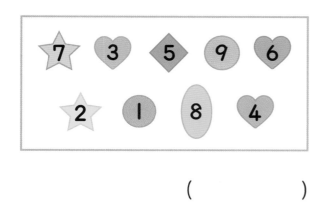

(   )

8 세 수를 더하려고 합니다. 보기 와 같이 10이 되는 두 수에 밑줄을 긋고 빈칸에 알맞은 수를 쓰세요.

보기 $1 + 9 + 3 = 13$

$4 + 8 + 2 = \boxed{}$

9 세웅이는 새로 산 7권의 과학책 중 3권을 지난달에 읽고, 2권을 이번 달에 읽었습니다. 세웅이가 아직 읽지 않은 과학책은 모두 몇 권일까요?

$\boxed{}$ 권

10 합이 같은 것끼리 선으로 이으세요.

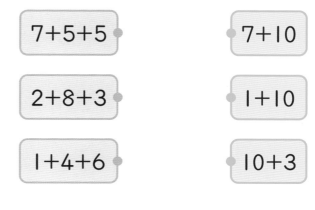

11 수직선의 5에서 시작하여 오른쪽 으로 5칸을 가고, 3칸을 더 간다 면 어느 수에 도착할까요?

시작

(   )

12 어느 해의 비가 온 날수가 1월에는 1일, 2월에는 3일, 3월에는 5일 이었습니다. 1월부터 3월까지 비 가 온 날은 모두 며칠일까요?

$\boxed{}$ 일

✓ 개념 마무리

13 계산 결과가 큰 것부터 순서대로 기호를 쓰세요.

> ㉠ 8 − 2 − 2
> ㉡ 2 + 1 + 5
> ㉢ 7 − 1 − 3

(,   ,   )

15 재희가 다른 손에 감춘 바둑돌은 몇 개일까요?

□ 개

14 수 카드 두 장을 골라 덧셈식을 완성해 보세요.

> 4   9   6   3

2 + □ + □ = 12

16 > 또는 <가 바르게 쓰인 식에는 ○표, 그렇지 않은 식에는 ✕표 하세요.

(1) 4+5 > 10   (   )

(2) 10−5 < 6   (   )

(3) 2+8+6 > 11   (   )

17 합이 13이 되는 세 수를 찾아 ◯표 하세요.

> 2 9 8 3 7

18 볼링공을 굴려서 쓰러뜨린 볼링 핀 에 ✕표 했습니다. 3회 동안 쓰러 뜨린 볼링 핀은 모두 몇 개일까요?

1회	🎳🎳🎳🎳❌🎳❌❌🎳❌
2회	🎳🎳🎳🎳🎳🎳🎳🎳❌❌
3회	🎳🎳❌❌❌🎳❌❌❌❌

☐ 개

🖊서술형

19 그림을 보고 원숭이가 무엇을 잘못 생각하고 있는지 설명하세요.

> 설명

🖊서술형

20 상자에 파란 종이학 3마리, 노란 종이학 1마리, 빨간 종이학 몇 마 리가 있습니다. 상자 안에 있는 종이학이 모두 8마리라면 빨간 종이학은 몇 마리인지 풀이 과정을 쓰고 답을 구하세요.

> 풀이

답 ＿＿＿＿＿＿＿ 마리

상상력 키우기

1 여러분의 나이를 쓰고, 몇 살 더 먹어야 10살이 되는지 써 보세요.

- 내 나이 : ☐ 살

- ☐ 살 더 먹으면 10살이 됩니다.

2 답이 0이 되는 세 수의 뺄셈식을 자유롭게 만들어 보세요.

☐ – ☐ – ☐ = 0

3 모양과 시각

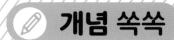

점선을 따라 모양을 그려 보세요.

같은 모양끼리 선으로 이으세요.

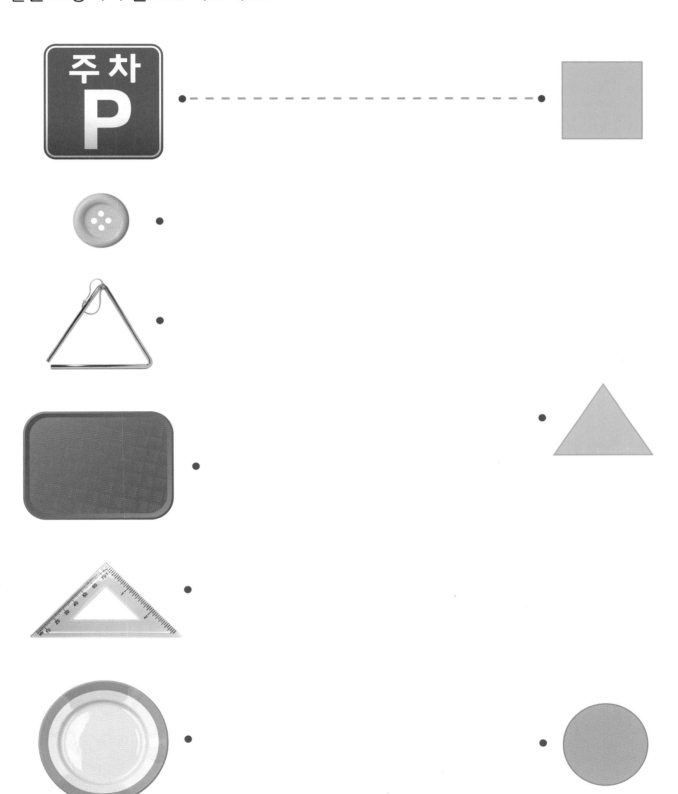

개념 쏙쏙

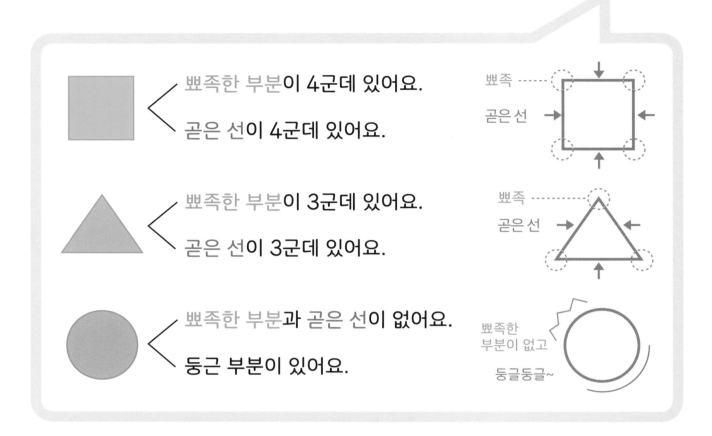

개념 익히기

정답 17쪽

뽀족한 부분이 몇 군데 있는지 세어 보세요.

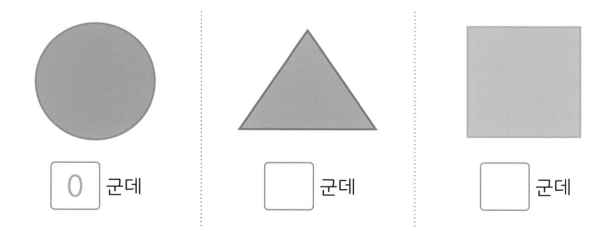

| 0 군데 | ☐ 군데 | ☐ 군데 |

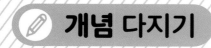

주어진 물건을 종이 위에 대고 그릴 때 나오는 모양에 ◯표 하세요.

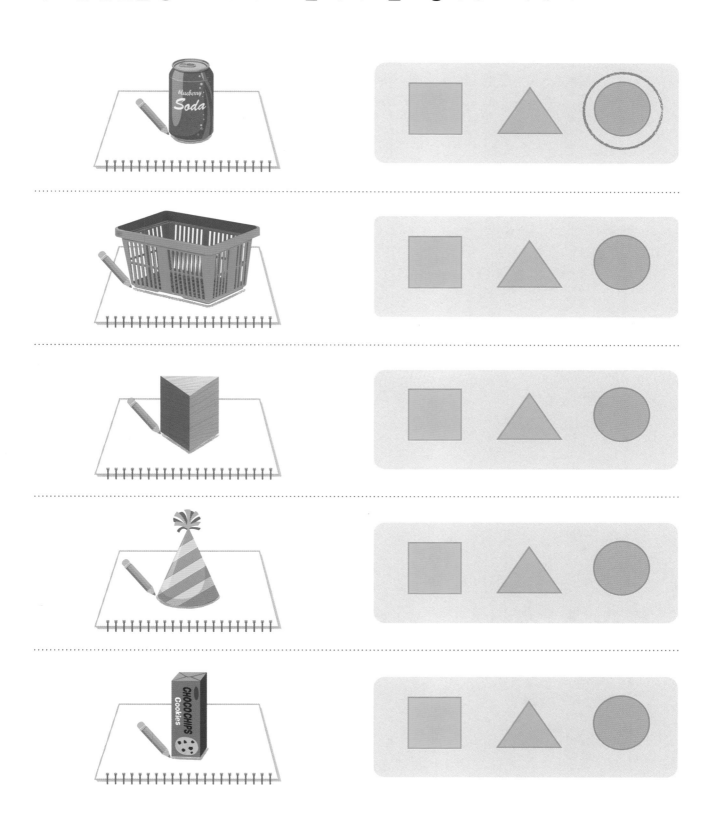

관계있는 것끼리 선으로 이으세요.

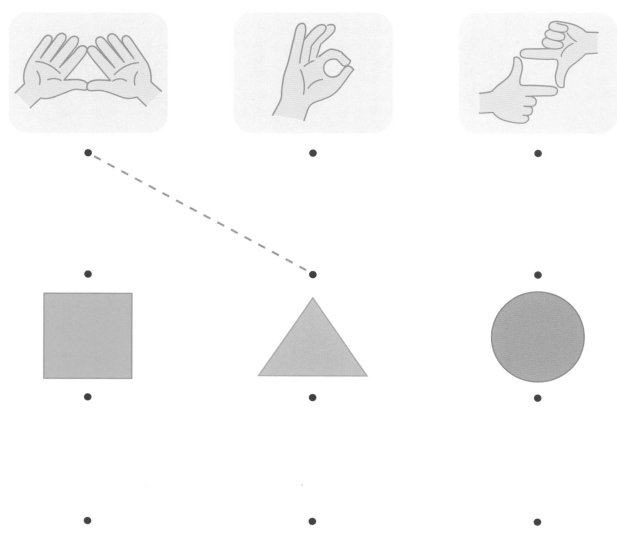

개념 펼치기

탐정이 땅에 남겨진 흔적을 조사하고 있어요. 알맞은 모양에 ◯표 하세요.

3 여러 가지 모양 꾸미기

■, ▲, ● 모양을 이용해 여러 가지 모양을 꾸밀 수 있어요.

✏️ **개념 익히기**

정답 18쪽

위의 그림에서 ■, ▲, ● 모양을 모두 이용해 꾸민 모양에 ◯표 하세요. (2개)

잠자리   산   꽃   기차

📝 개념 다지기

각각의 그림에서 ■ , ▲ , ● 모양을 몇 개씩 이용했는지 세어 보세요.

생쥐

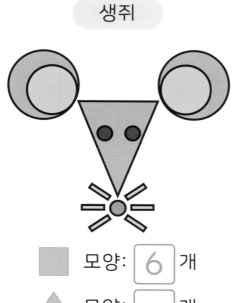

■ 모양: 6 개

▲ 모양: ☐ 개

● 모양: ☐ 개

선풍기

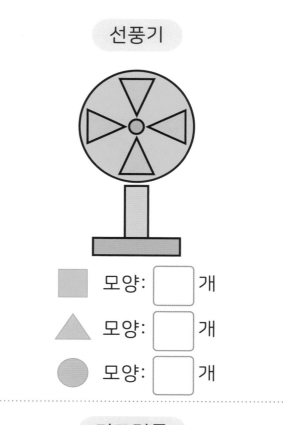

■ 모양: ☐ 개

▲ 모양: ☐ 개

● 모양: ☐ 개

요술 램프

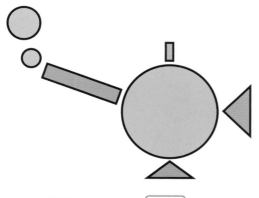

■ 모양: ☐ 개

▲ 모양: ☐ 개

● 모양: ☐ 개

미끄럼틀

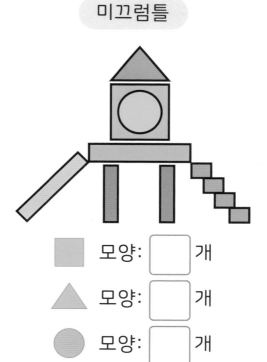

■ 모양: ☐ 개

▲ 모양: ☐ 개

● 모양: ☐ 개

📖 개념 만나기

초바늘은
빼고~

"늦었네, 늦었어!"

멋쟁이 토끼가 주머니에서 시계를 꺼내서 봅니다.
그런데 무슨 일이 생겼는지, 가던 길을 멈추고 고개를 갸웃거리기만 하네요.
무슨 일인지 같이 살펴볼까요?

"시계가 이렇게 자꾸 움직이니, 시계를 볼 수가 없잖아."

시계가 움직인다? 아~ 시계에 있는 바늘이 움직인다는 거군요!
맞아요. 시계에는 숫자도 있지만 바늘도 있지요.
그리고 그 바늘 중 하나는 계속해서 움직여요.
그치만, 시계를 오랫동안 바라보면
짧은바늘과 긴바늘도 움직이고 있다는 것을 알게 될 거예요.

"에~이, 빨리 움직이는 바늘은 빼고 시계를 봐야겠다!"

멋쟁이 토끼가 바늘 하나를 시계에서 빼버리네요.
그럼 우리도 토끼처럼 빨리 움직이는 바늘은 빼고,
시계를 보는 방법에 대해 살펴봅시다!

📖 **개념 쏙쏙**

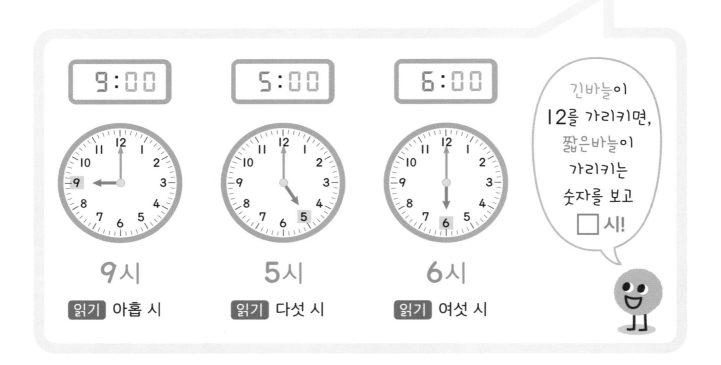

9:00	5:00	6:00
9시	**5시**	**6시**
읽기 아홉 시	읽기 다섯 시	읽기 여섯 시

긴바늘이 12를 가리키면, 짧은바늘이 가리키는 숫자를 보고 □시!

✏️ **개념 익히기**

정답 19쪽

시계를 보고 몇 시인지 쓰세요.

6 시

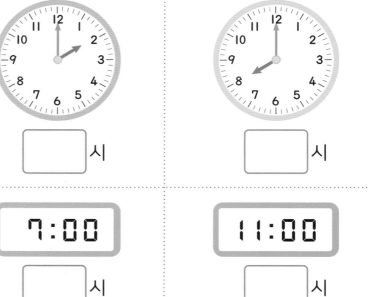

□ 시

□ 시

4:00

□ 시

7:00

□ 시

11:00

□ 시

📝 개념 다지기

정답 19쪽

이야기에 알맞게 시계를 완성하세요.

9시에 수업을 시작했습니다.

1시에 학교를 마쳤습니다.

3시에 놀이터에서 놀았습니다.

7시에 저녁밥을 먹었습니다.

8시에 숙제를 했습니다.

10시에 잠자리에 들었습니다.

5 ☐시 30분

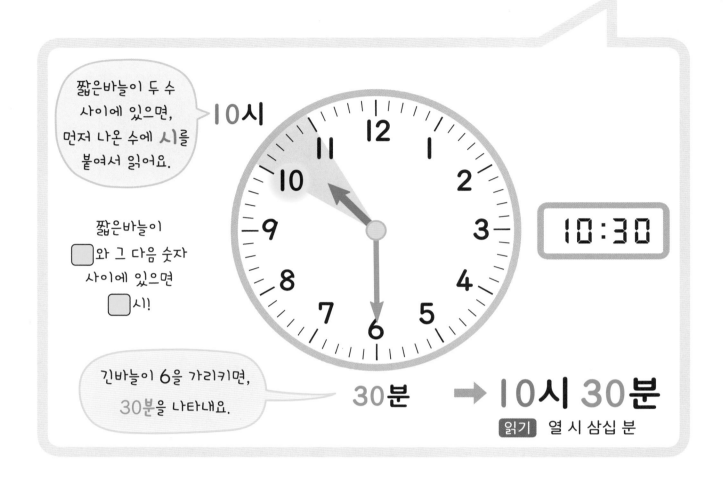

짧은바늘이 두 수 사이에 있으면, 먼저 나온 수에 **시**를 붙여서 읽어요. → **10시**

짧은바늘이 ☐와 그 다음 숫자 사이에 있으면 ☐시!

긴바늘이 6을 가리키면, 30분을 나타내요.

30분 ➡ **10시 30분**
읽기 열 시 삼십 분

10:30

✏️ 개념 익히기

정답 19쪽

시계를 보고 몇 시 몇 분인지 쓰세요.

| 7 | 시 | 30 | 분 |

| | 시 | | 분 |

9:30

| | 시 | | 분 |

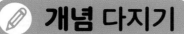
시계에 긴바늘을 알맞게 그리세요.

5시 30분

4시 30분

6시

6시 30분

11시 30분

10시

3시 30분

12시 30분

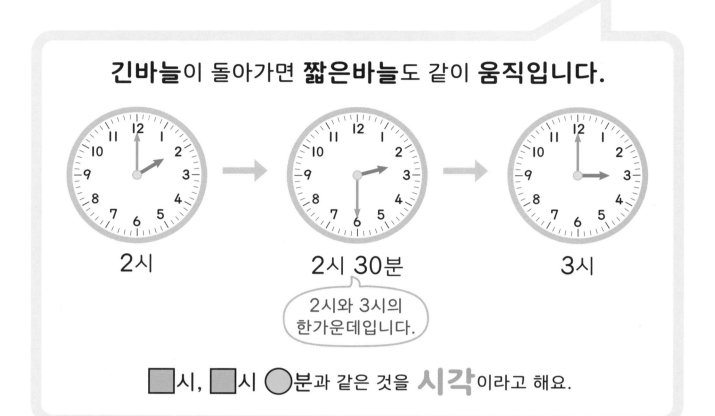

긴바늘이 돌아가면 **짧은바늘**도 같이 **움직입니다.**

2시 → 2시 30분 → 3시

2시와 3시의
한가운데입니다.

□시, □시 ○분과 같은 것을 **시각**이라고 해요.

개념 익히기

정답 20쪽

설명하는 시각을 시계에 나타내세요.

4시와 5시의 한가운데	9시와 10시의 한가운데	11시와 12시의 한가운데

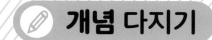

정답 20쪽

시각을 시계에 나타내고, 관계있는 것과 선으로 이으세요.

짧은바늘이
6과 7 사이,
긴바늘이 6을
가리키고 있어.

짧은바늘이 7,
긴바늘이 12를
가리키면
7시야.

시계가 나타내는
시각은
여섯 시라고
읽어.

[1~3] 그림을 보고 물음에 답하세요.

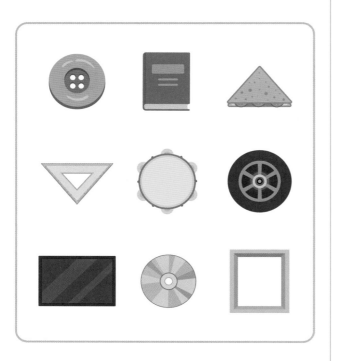

1 위의 그림에서 ■모양에 모두 □표 하고 개수를 세어 보세요.

( )개

2 위의 그림에서 ▲모양에 모두 △표 하고 개수를 세어 보세요.

( )개

3 위의 그림에서 ●모양에 모두 ○표 하고 개수를 세어 보세요.

( )개

4 시계를 보고, 시각을 쓰세요.

[ ]시

5 시각을 보고, 시계에 짧은바늘을 알맞게 그리세요.

7시 30분

6 친구가 설명하는 모양에 ○표 하세요.

뾰족한 부분이 한 군데도 없어.

7 그림과 같이 물건의 바닥을 찰흙 위에 찍었습니다. 찍힌 모양으로 알맞은 것을 찾아 ○표 하세요.

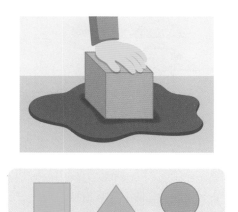

8 친구가 설명하는 시각을 시계에 나타내고 쓰세요.

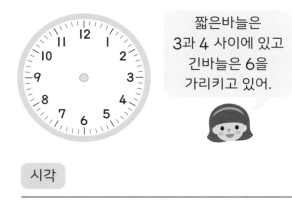

짧은바늘은 3과 4 사이에 있고 긴바늘은 6을 가리키고 있어.

시각
_____

9 다음 시계에서 긴바늘이 한 바퀴 움직인 후의 시각을 쓰세요.

( )시

10 같은 모양끼리 선으로 이으세요.

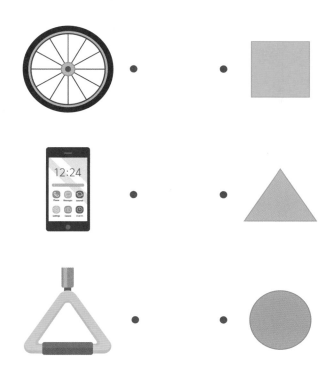

11 그림에서 ■, ▲, ● 모양을 각각 몇 개씩 이용했는지 세어 보세요.

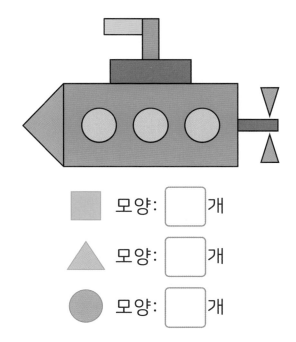

■ 모양: ☐ 개

▲ 모양: ☐ 개

● 모양: ☐ 개

12 그림을 보고 빈칸에 알맞은 수를 쓰세요.

우영이는 ☐시에 일어나서

☐시 ☐분에 등교하였습니다.

[13~14] 같은 모양의 물건끼리 모았습니다. 물음에 답하세요.

13 자전거 바퀴는 **가** 와 **나** 중에서 어느 곳에 놓아야 할까요?

( )

14 수학책은 **가** 와 **나** 중에서 어느 곳에 놓아야 할까요?

( )

15 다음 모양을 보고 바르게 이야기 한 사람의 이름을 쓰세요.

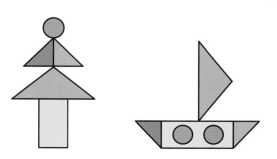

봄이: 나무에는 △ 모양이 2개 있어.

준우: 배에는 ◻ 모양이 없어.

연아: ● 모양은 나무보다 배에 1개 더 많아.

( )

16 같은 시각끼리 선으로 이으세요.

17 그림을 보고 계획표를 알맞게 채우세요.

점심 식사	시	
독서	시	분
축구	시	분

18 바닷속을 ⬜, 🔺, ⬤ 모양으로 꾸몄습니다. ⬤ 모양은 몇 개인지 쓰세요.

⬤ 모양: (   )개

서술형

19 ⬜ 모양과 🔺 모양의 다른 점을 한 가지 써 보세요.

서술형

20 거울에 비친 시계가 가리키는 시각을 쓰고, 설명해 보세요.

답 _____

설명

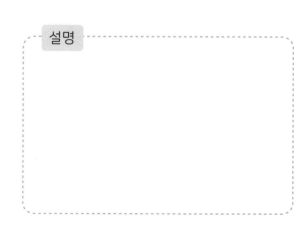

상상력 키우기

1 ■, ▲, ● 모양을 이용하여 멋진 그림을 그려 보세요.

4 덧셈과 뺄셈 (2)

이 단원에서 배울 내용

- (몇)+(몇)=(십몇), (십몇)−(몇)=(몇), 여러 가지 규칙이 있는 덧셈과 뺄셈

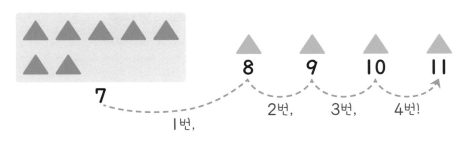

$$7 + 4 = ?$$

방법 ① **7**에서 **4**만큼 이어 세기

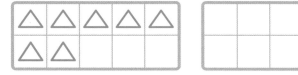

7

8   9   10   11

1번,   2번,   3번,   4번!

➡ $7 + 4 = 11$

방법 ② **7**과 **4**를 수판에 그려서 모두 세기

수판에 **7**만큼을 먼저 그리고~

남은 칸에 이어서 **4**만큼 더 그리기!

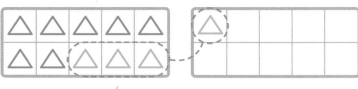

그린 모양은 모두 **11**개!
그러니까,

$$7 + 4 = 11$$

꽉 채워지게 그리면
4가 이렇게
가르기 되는구나!

4
3 1

🩶 안의 수만큼 이어 세는 방법으로 계산해 보세요.

9 + 5 = ☐ 14

9	10	11	12	13	14	15

7 + 6 = ☐

7	8	9	10	11	12	13

6 + 5 = ☐

6	7	8	9	10	11	12

8 + 4 = ☐

8	9	10	11	12	13	14

🔺 안의 수만큼 수판에 △ 를 더 그려서 계산하세요.

8 + 7 = ☐

7 + 5 = ☐

9 + 4 = ☐

 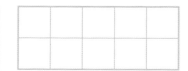

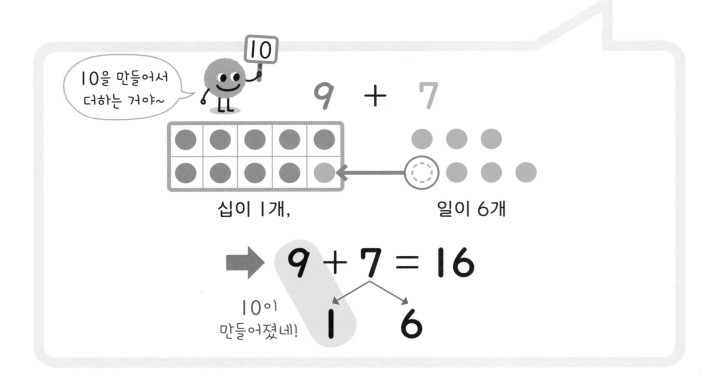

✏️ 개념 익히기

정답 22쪽

빈칸을 채우며 두 수의 합을 구하세요.

$7 + 4 = \boxed{11}$

십이 $\boxed{1}$ 개   일이 $\boxed{1}$ 개

$8 + 5 = \boxed{}$

십이 $\boxed{}$ 개   일이 $\boxed{}$ 개

$6 + 6 = \boxed{}$

십이 $\boxed{}$ 개   일이 $\boxed{}$ 개

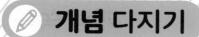
초록색 수가 10이 되려면, 분홍색 수에서 얼마를 주고, 얼마가 남는지 빈칸을
알맞게 채우세요.

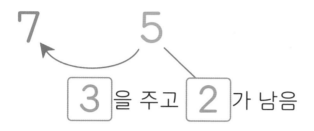

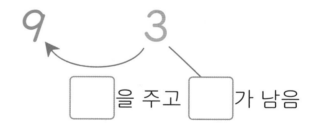

앞의 수가 10이 되도록 분홍색 수를 알맞게 가르기 하여 계산해 보세요.

$8 + 7 = \boxed{15}$

$\boxed{2} \quad \boxed{5}$

$7 + 6 = \boxed{}$

$\boxed{} \quad \boxed{}$

$9 + 2 = \boxed{}$

$\boxed{} \quad \boxed{}$

$9 + 5 = \boxed{}$

$\boxed{} \quad \boxed{}$

$8 + 4 = \boxed{}$

$\boxed{} \quad \boxed{}$

$7 + 7 = \boxed{}$

$\boxed{} \quad \boxed{}$

계산해 보세요.

$7 + 9 = \boxed{16}$

$6 + 8 = \boxed{}$

$8 + 5 = \boxed{}$

$9 + 4 = \boxed{}$

$8 + 8 = \boxed{}$

$9 + 6 = \boxed{}$

$3 + 9 = \boxed{}$

$8 + 9 = \boxed{}$

3 덧셈 (3)

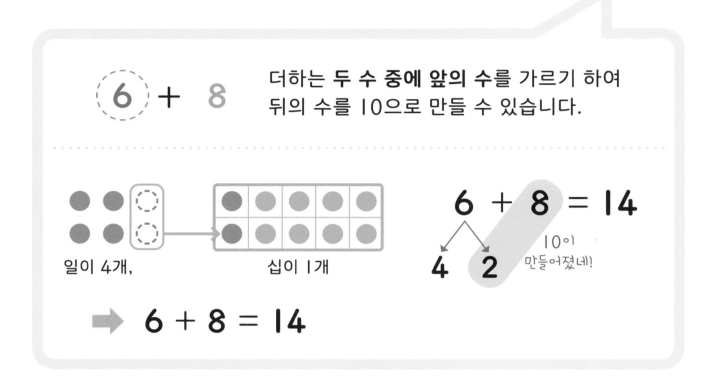

⑥ + 8

더하는 **두 수 중에 앞의 수를 가르기** 하여
뒤의 수를 10으로 만들 수 있습니다.

일이 4개,　　　　　　십이 1개

$6 + 8 = 14$

10이
만들어졌네!

4　2

➡ $6 + 8 = 14$

✏️ 개념 익히기

정답 23쪽

뒤의 수가 10이 되도록 앞의 수를 가르기 하여 계산해 보세요.

$7 + 5 = \boxed{12}$

2　5

$3 + 8 = \boxed{}$

$4 + 9 = \boxed{}$

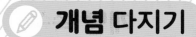

정답 23쪽

관계있는 것끼리 선으로 이으세요.

8 + 7 •	• 12
5 + 6 •	• 14
9 + 3 •	• 11
7 + 7 •	• 15
8 + 5 •	• 17
9 + 8 •	• 16
7 + 9 •	• 13

정답 24쪽

식을 세우고 물음에 답하세요.

사과 6개, 귤 7개가 냉장고에 들어있습니다. 냉장고에 있는 과일은 모두 몇 개일까요?

식 ___6 + 7 = 13___ 답 ___13___ 개

은비는 과일 모양 지우개 5개, 동물 모양 지우개 9개를 가지고 있습니다. 은비가 가진 지우개는 모두 몇 개일까요?

식 _____ 답 _____ 개

책꽂이에 만화책 7권, 동화책 9권이 꽂혀 있습니다. 책꽂이에 꽂혀 있는 책은 모두 몇 권일까요?

식 _____ 답 _____ 권

정우는 금색 구슬 8개, 은색 구슬 8개를 크리스마스 트리에 장식했습니다. 정우가 장식한 구슬은 모두 몇 개일까요?

식 _____ 답 _____ 개

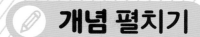
계산한 결과가 짝수인 덧셈식에 모두 ◯표 하세요.

4 + 7

5 + 8

6 + 4

3 + 9

8 + 6

5 + 6

7 + 7

8 + 9

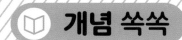

덧셈식

알게 된 것

$7 + 3 = 10$
$7 + 4 = 11$
$7 + 5 = 12$
$7 + 6 = 13$

1씩 큰 수를 더하면
합도 1씩 커집니다.

$6 + 7 = 13$
$5 + 7 = 12$
$4 + 7 = 11$
$3 + 7 = 10$

1씩 작은 수를 더하면
합도 1씩 작아집니다.

$7 + 5 = 12$
$5 + 7 = 12$

두 수의 순서를
바꾸어 더해도
두 수의 합은 같습니다.

✏️ **개념 익히기**

덧셈식을 완성하고, 괄호 안에서 알맞은 말에 ◯표 하세요.

$8 + 3 = 11$
$8 + \boxed{4} = 12$
$8 + \boxed{5} = 13$
$8 + \boxed{6} = 14$

1씩 (**큰** , 작은) 수를 더하면 합이 1씩 커집니다.

$8 + 8 = 16$
$8 + \boxed{} = 15$
$8 + \boxed{} = 14$
$8 + \boxed{} = 13$

1씩 (큰 , 작은) 수를 더하면 합이 1씩 작아집니다.

$5 + 7 = 12$
$6 + \boxed{} = 13$
$7 + \boxed{} = 14$
$8 + \boxed{} = 15$

1씩 (큰 , 작은) 수를 더하면 합이 1씩 커집니다.

$7 + 6 = 13$
$\boxed{} + 5 = 12$
$\boxed{} + 4 = 11$
$\boxed{} + 3 = 10$

1씩 (큰 , 작은) 수를 더하면 합이 1씩 작아집니다.

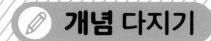

주어진 덧셈식과 합이 같은 식을 찾아 같은 색으로 칠하세요.

9 + 2	8 + 4	7 + 6

8 + 6	7 + 4	5 + 9	4 + 8	6 + 8
3 + 8	8 + 8	6 + 7	2 + 9	9 + 4
7 + 8	6 + 5	7 + 7	5 + 8	8 + 3
9 + 6	3 + 9	7 + 5	4 + 9	9 + 5
8 + 5	4 + 7	9 + 6	6 + 6	5 + 7

✏️ 개념 펼치기

상자에 담긴 공을 2개 꺼내어 적힌 두 수로 덧셈식을 만들려고 합니다. 합이 가장 큰 덧셈식과 가장 작은 덧셈식을 쓰세요.

합이 가장 **큰 식** → $8 + 7 = 15$

합이 가장 **작은 식** → ☐ + ☐ = ☐

합이 가장 **큰 식** → ☐ + ☐ = ☐

합이 가장 **작은 식** → ☐ + ☐ = ☐

합이 가장 **큰 식** → ☐ + ☐ = ☐

합이 가장 **작은 식** → ☐ + ☐ = ☐

합이 가장 **큰 식** → ☐ + ☐ = ☐

합이 가장 **작은 식** → ☐ + ☐ = ☐

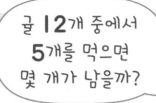

글 **12**개 중에서 **5**개를 먹으면 몇 개가 남을까?

방법 ① **12**에서 **5**만큼 거꾸로 세기

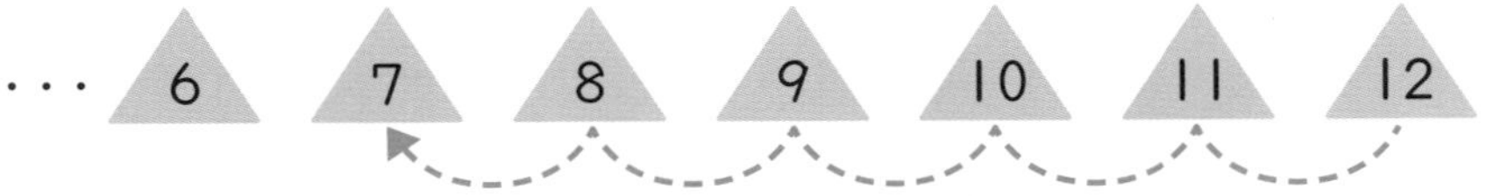

··· 6 7 8 9 10 11 12 ➡ 12 - 5 = 7

방법 ② **12**에서 **5**만큼 지우기

낱개부터 지우기!

➡ 남은 연결 모형이 **7**개니까, **12 - 5 = 7**

✏ **개념 익히기**

거꾸로 세어서 뺄셈을 하세요.

| 5 | 6 | 7 | 8 | 9 | 10 | 11 | 12 | 13 | ⑭ | 15 | 16 |

14 - 5 = [9]   12 - 6 = [ ]   15 - 7 = [ ]

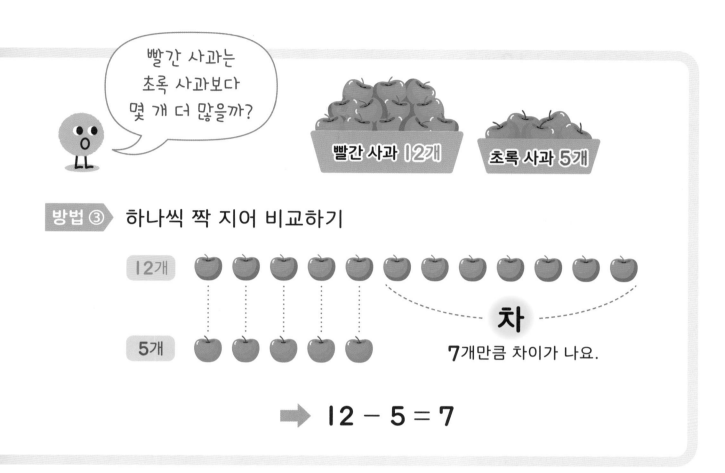

방법 ③ 하나씩 짝 지어 비교하기

차

7개만큼 차이가 나요.

➡ 12 − 5 = 7

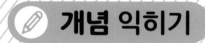 **개념 익히기**

정답 27쪽

그림을 보고, 어느 것이 몇 개 더 많은지 쓰세요.

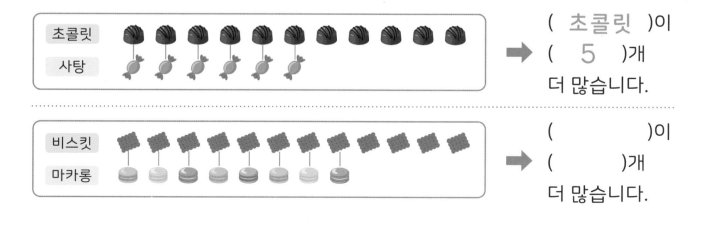

(초콜릿)이
(5)개
더 많습니다.

(   )이
(   )개
더 많습니다.

연결 모형을 사용한 만큼 낱개부터 /표로 지우고, 뺄셈식을 완성하세요.

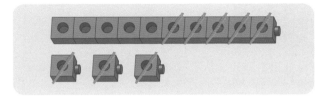

이 중에 8개를 사용했어!

➡ 13 − 8 = 5

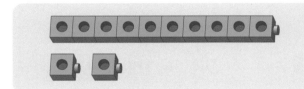

이 중에 4개를 사용했어!

➡ 12 − ☐ = ☐

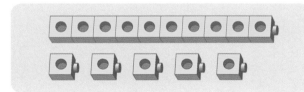

이 중에 7개를 사용했어!

➡ 15 − ☐ = ☐

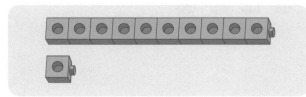

이 중에 4개를 사용했어!

➡ 11 − ☐ = ☐

개념 펼치기

그림과 어울리는 뺄셈식을 쓰세요.

→ $11-3=8$

→ _____

→ _____

→ _____

→ _____

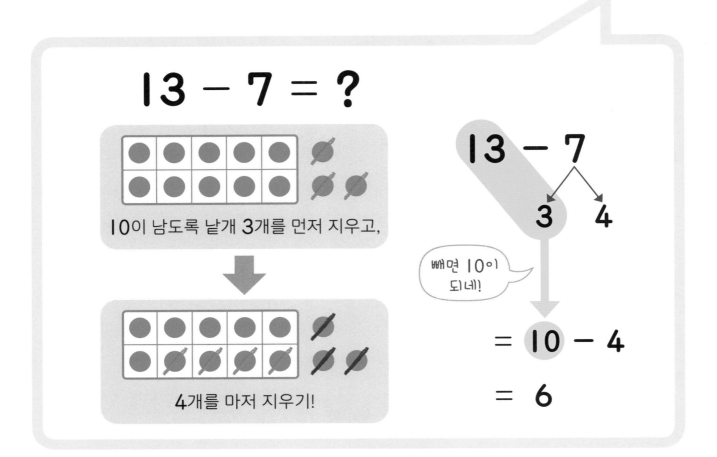

개념 익히기

정답 28쪽

10이 남도록 /표로 지우고, 빈칸을 알맞게 채우세요.

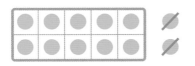

➡ 12 − [2] = 10

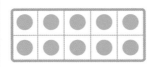

➡ 14 − ☐ = 10

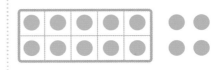

➡ 16 − ☐ = 10

빈칸을 채우며 계산해 보세요.

15 − 7 = ?

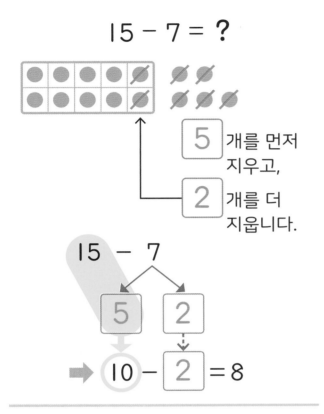

13 − 8 = ?

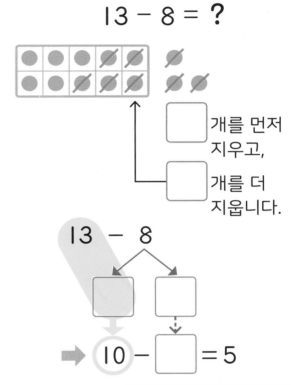

16 − 8 = ?

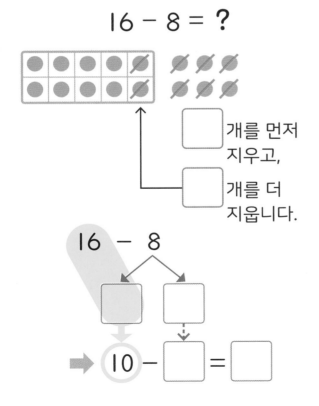

14 − 5 = ?

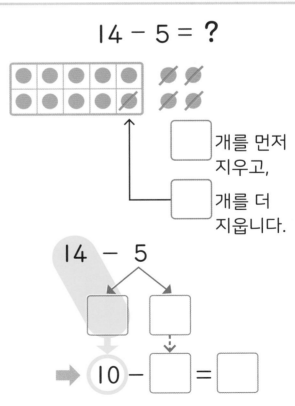

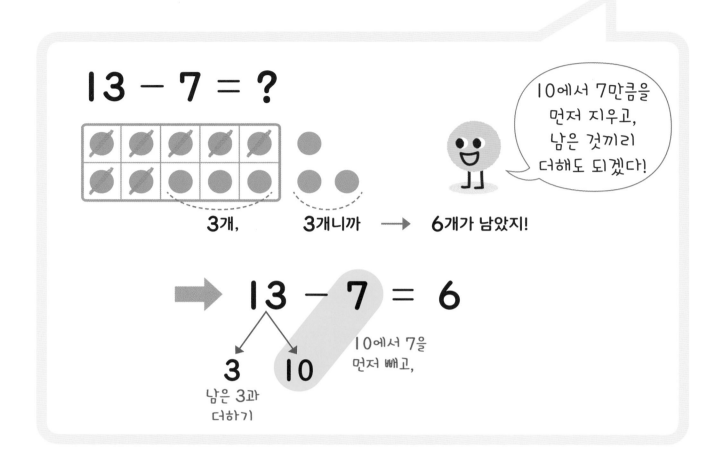

13 - 7 = ?

3개,   3개니까 → 6개가 남았지!

10에서 7만큼을 먼저 지우고, 남은 것끼리 더해도 되겠다!

➡ 13 - 7 = 6

3   10

남은 3과 더하기

10에서 7을 먼저 빼고,

✏ 개념 익히기

정답 28쪽

초록색 상자 안의 ⬤ 부터 / 표로 알맞게 지우면서 계산해 보세요.

12 - 7 = 5

3   2

15 - 8 = ☐

☐   ☐

13 - 4 = ☐

☐   ☐

개념 다지기

10에서 빼는 수만큼을 묶어 화살표로 빼면서 계산해 보세요.

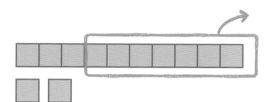

$12 - 7 = \boxed{5}$

$13 - 9 = \square$

$16 - 8 = \square$

$14 - 5 = \square$

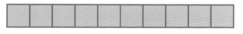

$11 - 4 = \square$

$12 - 5 = \square$

$13 - 6 = \square$

$15 - 7 = \square$

✏️ 개념 다지기

앞의 수를 어떤 수와 10으로 가르기 하여 계산하세요.

$11 - 8 = \boxed{3}$

1   10

$16 - 8 = \boxed{}$

6   $\boxed{}$

$14 - 6 = \boxed{}$

$\boxed{}$ 10

$12 - 3 = \boxed{}$

$\boxed{}$ 10

$12 - 7 = \boxed{}$

$\boxed{}$ $\boxed{}$

$13 - 5 = \boxed{}$

$\boxed{}$ $\boxed{}$

$15 - 8 = \boxed{}$

$\boxed{}$ $\boxed{}$

$11 - 7 = \boxed{}$

$\boxed{}$ $\boxed{}$

정답 29쪽

관계있는 것끼리 선으로 이으세요.

$12 - 8$	● - - - - - - - - - - - ●	4
$11 - 3$	● ●	6
$15 - 9$	● ●	8
$12 - 9$	● ●	5
$14 - 9$	● ●	9
$13 - 6$	● ●	3
$18 - 9$	● ●	7

식을 세우고 물음에 답하세요.

주차장에 자동차가 13대 있습니다. 그중에서 5대가 나갔다면, 남아있는 자동차는 모두 몇 대일까요?

식   13 − 5 = 8   답   8   대

주머니에 선물 상자가 17개 들어있습니다. 그중에서 9개를 꺼내 나누어 주었다면, 주머니에 남아있는 선물 상자는 몇 개일까요?

식   답   개

태은이는 줄넘기를 15번 넘었고, 소담이는 8번 넘었습니다. 태은이는 소담이보다 줄넘기를 몇 번 더 많이 넘었을까요?

식   답   번

상자에 초콜릿이 12개 들어있습니다. 그중에서 6개를 먹었다면, 상자에 남아있는 초콜릿은 몇 개일까요?

식   답   개

손가락 10개 중에서 3개에 봉숭아 물을 들였습니다.
봉숭아 물을 들이지 않은 손가락은 몇 개일까요?

식 _____   답 _____ 개

정원에 빨간 장미가 7송이, 흰 장미가 4송이 피어 있습
니다. 정원에 피어 있는 장미는 모두 몇 송이일까요?

식 _____   답 _____ 송이

민기는 산타 그림 엽서 8장, 루돌프 그림 엽서 9장을 받
았습니다. 민기가 받은 엽서는 모두 몇 장일까요?

식 _____   답 _____ 장

진호는 로봇 카드를 14장 가지고 있습니다. 그중에서 5장
을 친구에게 주었다면, 진호에게 남은 카드는 몇 장일까
요?

식 _____   답 _____ 장

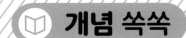

뺄셈식	알게 된 것

12 - 5 = 7
12 - 6 = 6
12 - 7 = 5
12 - 8 = 4

1씩 큰 수를 빼면
차는 1씩 작아집니다.

11 - 5 = 6
12 - 5 = 7
13 - 5 = 8
14 - 5 = 9

앞의 수가 1씩 커지면
차는 1씩 커집니다.

12 - 6 = 6
13 - 7 = 6
14 - 8 = 6
15 - 9 = 6

두 수가 각각 1씩 커지면
차는 같습니다.

빼셈식을 완성하고, 괄호 안에서 알맞은 말에 ◯표 하세요.

$13 - 4 = 9$
$13 - \boxed{5} = 8$
$13 - \boxed{6} = 7$
$13 - \boxed{7} = 6$

1씩 (**큰** , 작은) 수를 빼면 차가 1씩 작아집니다.

$11 - 5 = 6$
$\boxed{} - 5 = 7$
$\boxed{} - 5 = 8$
$\boxed{} - 5 = 9$

앞의 수가 1씩 (커 , 작아) 지면 차가 1씩 커집니다.

$12 - 4 = 8$
$\boxed{} - 4 = 7$
$\boxed{} - 4 = 6$
$\boxed{} - 4 = 5$

앞의 수가 1씩 (커 , 작아) 지면 차가 1씩 작아집니다.

$14 - 7 = 7$
$14 - \boxed{} = 8$
$14 - \boxed{} = 9$
$14 - \boxed{} = 10$

1씩 (큰 , 작은) 수를 빼면 차가 1씩 커집니다.

개념 다지기

정답 31쪽

두 수의 차가 같게 되도록 빈칸을 알맞게 채우세요.

$12 - 5 = 7$
$13 - \boxed{6} = 7$

$14 - 8 = 6$
$15 - \boxed{} = 6$

$15 - 7 = 8$
$17 - \boxed{} = 8$

$11 - 7 = 4$
$12 - \boxed{} = 4$

$14 - 5 = 9$
$\boxed{} - 6 = 9$
$\boxed{} - 7 = 9$

$15 - 8 = 7$
$13 - \boxed{} = 7$

$12 - 7 = 5$
$\boxed{} - 6 = 5$

$11 - 3 = 8$
$\boxed{} - 5 = 8$

색이 다른 수 카드를 한 장씩 골라 뺄셈식을 만들 때, 차가 가장 큰 뺄셈식과 차가 가장 작은 뺄셈식을 나타내 보세요.

11	15	
7	6	

차가 가장 큰 식 ▶ $15 - 6 = \boxed{9}$

차가 가장 작은 식 ▶ ☐ − ☐ = ☐

13	14	
7	8	

차가 가장 큰 식 ▶ ☐ − ☐ = ☐

차가 가장 작은 식 ▶ ☐ − ☐ = ☐

17	12	
9	8	

차가 가장 큰 식 ▶ ☐ − ☐ = ☐

차가 가장 작은 식 ▶ ☐ − ☐ = ☐

14	12	
6	7	

차가 가장 큰 식 ▶ ☐ − ☐ = ☐

차가 가장 작은 식 ▶ ☐ − ☐ = ☐

뺄셈식의 규칙을 찾아 빈칸을 알맞게 채우세요.

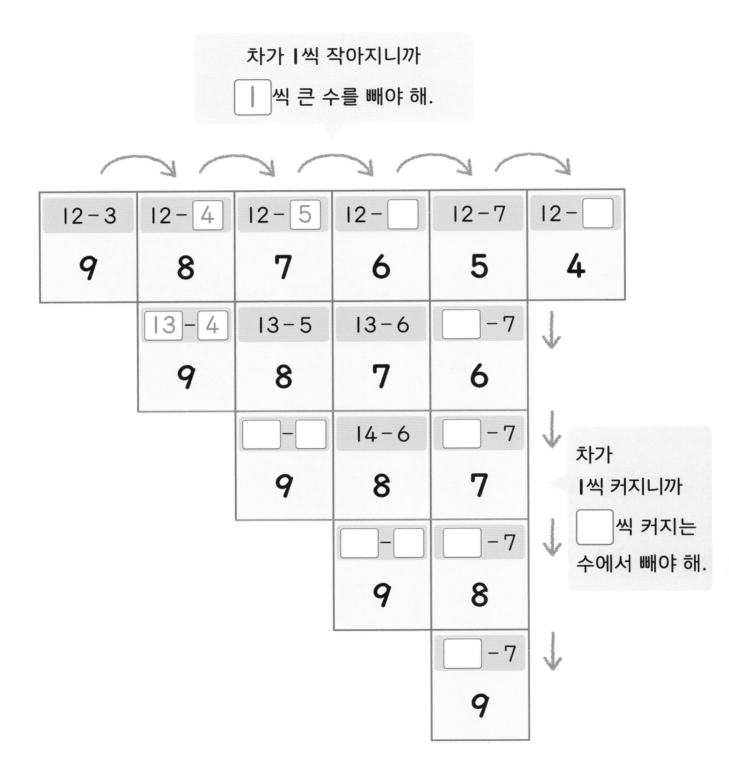

차가 1씩 작아지니까

[1]씩 큰 수를 빼야 해.

12 − 3	12 − [4]	12 − [5]	12 − □	12 − 7	12 − □
9	8	7	6	5	4

	[13] − [4]	13 − 5	13 − 6	□ − 7
	9	8	7	6

		□ − □	14 − 6	□ − 7
		9	8	7

			□ − □	□ − 7
			9	8

				□ − 7
				9

차가 1씩 커지니까

□씩 커지는 수에서 빼야 해.

✏️ 개념 펼치기

덧셈식의 규칙을 찾아 빈칸을 알맞게 채우세요.

2 + 3
5

2 + 3	2 + ☐
5	6

2 + 3	2 + 4	2 + ☐
5	6	7

2 + 3	2 + 4	2 + 5	2 + ☐
5	6	7	8

2 + 3	2 + ☐	2 + ☐	2 + ☐	2 + 7	2 + ☐
5	6	7	8	9	10

합이 1씩 작아지니까 ☐씩 작은 수를 더해야 해.

합이 1씩 커지니까 ☐씩 큰 수를 더해야 해.

1 10이 되도록 수판을 채울 때, 남은 ♥를 그리고, 덧셈을 해 보세요.

 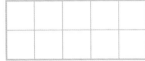

$$8 + 5 = \boxed{}$$

2 서하와 수미가 먹은 사탕은 모두 몇 개인지 구해 보세요.

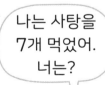

나는 사탕을 7개 먹었어. 너는?

나도 너랑 똑같은 개수를 먹었어!

서하   수미

(   ) 개

3 알맞게 가르기 하여 10을 만들고 계산해 보세요.

(1)
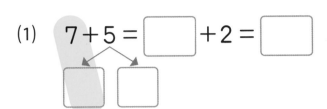
$$7 + 5 = \boxed{} + 2 = \boxed{}$$

(2)
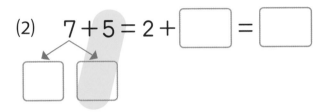
$$7 + 5 = 2 + \boxed{} = \boxed{}$$

4 빼는 수만큼 그림을 /표로 지우고, 계산해 보세요.

$$17 - 8 = \boxed{}$$

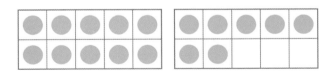

5 계산 결과가 가장 큰 식에 ◯표 하세요.

| 8 + 9 | 7 + 5 |

| 15 − 6 | 11 − 4 |

6 빈칸을 알맞게 채우세요.

(1)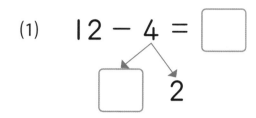

$$12 - 4 = \boxed{}$$

(2)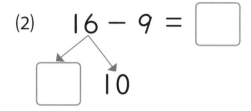

$$16 - 9 = \boxed{}$$

7 정석이는 고리 던지기를 하여 첫 번째 시도에서 6개, 두 번째 시도에서 8개를 성공하였습니다. 정석이가 성공시킨 고리는 모두 몇 개일까요?

(   ) 개

8 계산 결과의 크기를 비교하여 ◯ 안에 >, <를 알맞게 쓰세요.

$$14 - 9 \bigcirc 12 - 8$$

9 가로로 뺄셈식이 되는 세 수를 모두 찾아 $\boxed{} - \boxed{} = \boxed{}$ 모양으로 표시하세요.

17	8	12	−	3	=	9
3	4	8	11	1		
9	2	13	6	7		
4	14	9	5	6		
15	7	8	0	7		

10 빈칸에 알맞은 수를 쓰세요.

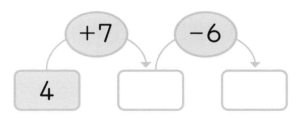

11 은서는 붙임딱지를 11장 붙였고, 지원이는 붙임딱지를 9장 붙였습니다. 누가 붙임딱지를 몇 장 더 붙였을까요?

➡ (   )가 (   )장 더 붙였습니다.

12 5＋9와 합이 같은 덧셈식을 모두 찾아 쓰세요.

3＋4	3＋5	3＋6	3＋7	3＋8
7	8	9	10	11
4＋4	4＋5	4＋6	4＋7	4＋8
8	9	10	11	12
5＋4	5＋5	5＋6	5＋7	5＋8
9	10	11	12	13
6＋4	6＋5	6＋6	6＋7	6＋8
10	11	12	13	14
7＋4	7＋5	7＋6	7＋7	7＋8
11	12	13	14	15

(   )

13 같은 색 칸에 적힌 두 수를 더해서 13이 되도록 빈칸에 알맞은 수를 쓰세요.

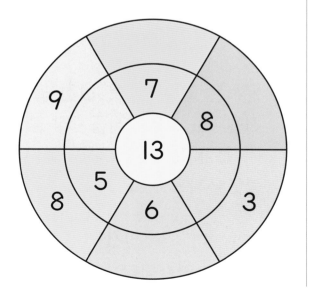

14 빈칸을 알맞게 채우세요.

$$13 - 8 = 11 - \boxed{}$$

15 차가 7인 뺄셈식을 모두 찾아 ○표 하세요.

17－9	13－6	12－8

11－9	15－8

16 빈칸을 알맞게 채우세요.

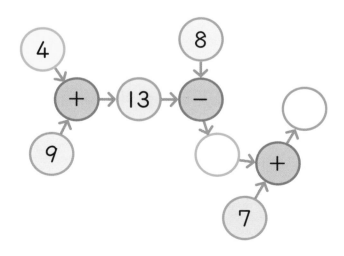

[17~18] 물음에 답하세요.

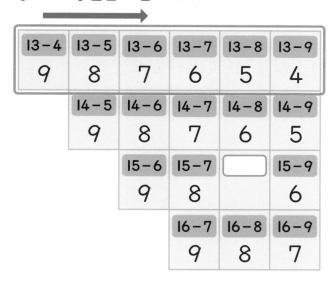

17 빈칸에 들어갈 알맞은 뺄셈식을 쓰고, 차를 구하세요.

식 _____

차 _____

18 ☐ 안의 규칙을 설명하고 있습니다. 설명을 완성하세요.

➡ 방향으로 갈수록

빼는 수는 ☐ 씩 (커지고 , 작아지고)

차는 ☐ 씩 (커집니다 , 작아집니다).

19 미주는 감 8개를 가지고 있고, 주영이는 감을 미주보다 **3**개 적게 가지고 있습니다. 미주와 주영이가 가지고 있는 감이 모두 몇 개인지 풀이 과정을 쓰고, 답을 구하세요.

풀이

_____

_____

_____

답 _____ 개

20 보기 와 같이 덧셈식을 보고 알게 된 점을 한 가지 써 보세요.

보기

$3 + 7 = 10$
$4 + 7 = 11$
$5 + 7 = 12$
$6 + 7 = 13$
$7 + 7 = 14$

더하는 수가 1씩 커지면 합도 1씩 커집니다.

$9 + 7 = 16$
$9 + 6 = 15$
$9 + 5 = 14$
$9 + 4 = 13$
$9 + 3 = 12$

알게 된 점:

_____

_____

_____

상상력 키우기

1 합이 내 나이가 되는 덧셈식을 자유롭게 만들어 보세요.

2 차가 내 나이가 되는 뺄셈식을 자유롭게 만들어 보세요.

5 규칙 찾기

1 규칙 찾기

성대한 잔치가 열렸네~
잔칫상에서 규칙을 찾아볼까?

왼쪽에서부터 오른쪽으로 보면서 규칙을 찾습니다.

- 컵, 접시가 반복됩니다.
- 포도, 케이크, 케이크가 반복됩니다.
- 고기, 고기, 피자가 반복됩니다.

✏️ 개념 익히기

정답 36쪽

위의 그림에서 마지막 빈칸에 들어갈 그림에 ○표 하세요.

✏️ 개념 다지기

마지막 칸에 들어갈 그림에 ◯표 하고, 규칙을 쓰세요.

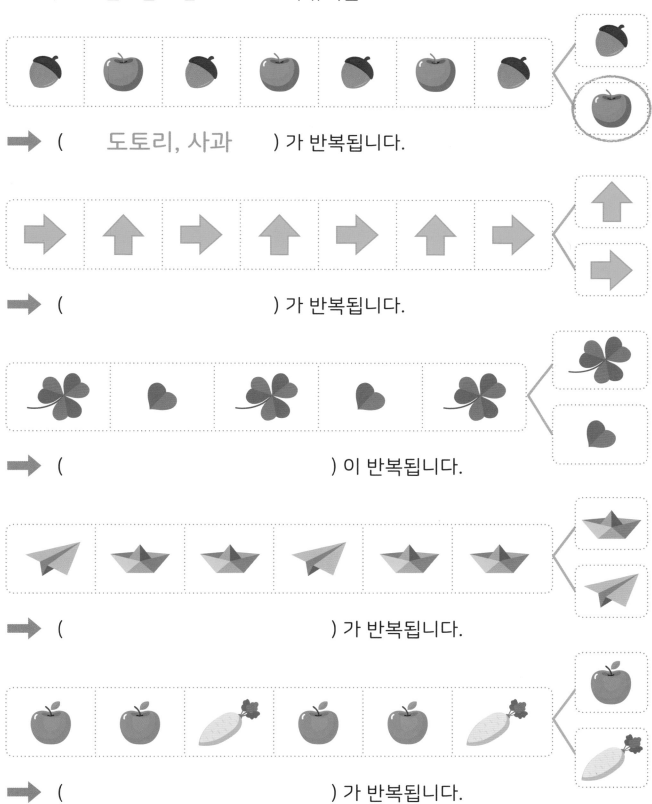

➡ (도토리, 사과) 가 반복됩니다.

➡ ( ) 가 반복됩니다.

➡ ( ) 이 반복됩니다.

➡ ( ) 가 반복됩니다.

➡ ( ) 가 반복됩니다.

2 규칙 만들기

● 색깔 규칙 만들기

초록색, 분홍색이
반복되는 규칙

노란색, 파란색, 파란색이
반복되는 규칙

● 모양 규칙 만들기

별, 하트, 별이
반복되는 규칙

공책, 공책, 가방이
반복되는 규칙

어떤 부분을 반복할지
자유롭게 정해서
규칙을 만들 수 있어!

★ 이외에도 다양한 규칙을 만들 수 있어요.

개념 익히기

정답 36쪽

규칙에 따라 빈칸에 알맞은 모양을 그리고 색칠해 보세요.

개념 다지기

정답 36쪽

규칙에 따라 물건을 놓아 보세요. 붙임딱지 이용

티셔츠, 바지, 바지가
반복돼!

양말, 모자, 장갑이
반복돼!

연필, 지우개가
반복돼!

책상, 책상, 의자가
반복돼!

규칙에 따라 빈칸에 알맞은 모양을 그리고 색칠해 보세요.

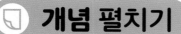

보기 의 규칙에 따라 무늬를 꾸며 보세요. 붙임딱지 이용

보기

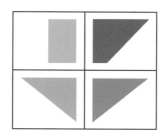

보기

보기

📖 **개념 쏙쏙**

> 여러 가지 규칙의 수 배열이 있지만,
> 여기서는 딱!
> 2가지 규칙의 배열만 살펴볼게~

① 모양이 반복됐던 것처럼 수가 **반복**

| 1 | 2 | 1 | 2 | 1 | 2 | 1 | 2 |

➡ 1과 2가 반복됩니다.

② 점점 **커지거나**, 점점 **작아지거나**

| 10 | 20 | 30 | 40 | 50 | 60 | 70 | 80 |

➡ 10부터 시작하여 10씩 커집니다.

| 15 | 14 | 13 | 12 | 11 | 10 | 9 | 8 |

➡ 15부터 시작하여 1씩 작아집니다.

✏ **개념 익히기**

정답 37쪽

규칙에 따라 빈칸을 알맞게 채우세요.

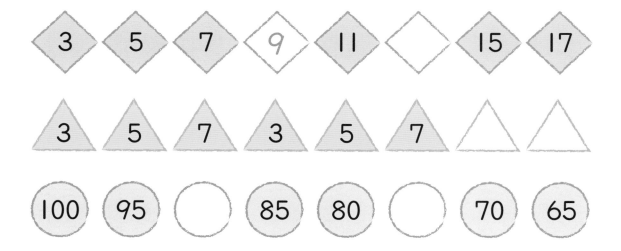

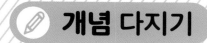 **개념 다지기**

정답 37쪽

규칙에 따라 빈칸을 알맞게 채우세요.

⬡11 - ⬡12 - ⬡13 ── ⬡21 - ⬡22 - ⬡23 ──── ⬡31 - ⬡32 - ⬡

5 - 15 - 25 - 35 - 45 - 55 - 65 - ◯ - ◯

| 3 | 3 | 3 | 1 | 3 | 3 | 3 | 1 | 3 | 3 | 3 | 1 | | | | |

3   3   ☐
   2   2   2   ☐   ☐
     1   1

1	2	3	4
3		5	6
5		7	

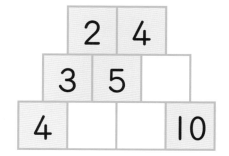

 개념 쏙쏙

1	2	3	4	5	6	7	8	9	10
11	12	13	14	15	16	17	18	19	20
21	22	23	24	25	26	27	28	29	30
31	32	33	34	35	36	37	38	39	40
41	42	43	44	45	46	47	48	49	50
51	52	53	54	55	56	57	58	59	60
61	62	63	64	65	66	67	68	69	70
71	72	73	74	75	76	77	78	79	80
81	82	83	84	85	86	87	88	89	90
91	92	93	94	95	96	97	98	99	100

11부터 시작하여 오른쪽으로 1칸 갈 때마다 1씩 커집니다.

3부터 시작하여 아래쪽으로 1칸 갈 때마다 10씩 커집니다.

✏️ 개념 익히기

정답 38쪽

위의 수 배열표를 보고 물음에 답하세요.

☐ 에 있는 수의 규칙을 완성하세요.

➡ ☐5☐ 부터 시작하여 아래쪽으로 1칸 갈 때마다 ☐ 씩 커집니다.

⬚ 에 있는 수의 규칙을 완성하세요.

➡ 51부터 시작하여 ( )쪽으로 1칸 갈 때마다 ☐ 씩 커집니다.

개념 다지기

정답 38쪽

05-10

규칙에 따라 ○표 하고, ○표 한 수의 규칙을 완성하세요.

㉑	22	㉓	24	㉕	26	㉗	28	㉙	30
㉛	32	㉝	34	㉟	36	㊲	38	39	40
41	42	43	44	45	46	47	48	49	50

➡ 21부터 시작하여 ☐씩 커집니다.

㉝	34	35	36	㊲	38	39	40	㊶	42
43	44	㊺	46	47	48	49	50	51	52

➡ ☐부터 시작하여 ☐씩 커집니다.

㉚	29	28	27	26	㉕	24	23	22	21
⑳	19	18	17	16	⑮	14	13	12	11
10	9	8	7	6	5	4	3	2	1

➡ ☐부터 시작하여 ☐씩 작아집니다.

90	(89)	88	87	(86)	85	84	(83)	82	81
80	79	78	77	76	75	74	73	72	71

➡ ☐부터 시작하여 ☐씩 작아집니다.

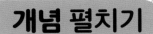

수 배열표를 완성하고, **색칠한 곳에 적힌 수**에 대하여 바르게 설명한 사람에 ○표 하세요.

1	2	3	4	5
6	7	8	9	10
11	12	13	14	15

1부터 시작해서 4씩 커지고 있어. (   )

1부터 시작해서 3씩 커지고 있어. (○   )

전부 홀수야. (   )

3	6	9	12	15
18	21			30
33	36		42	45

3부터 시작해서 5씩 커지고 있어. (   )

3부터 시작해서 8씩 커지고 있어. (   )

전부 홀수야. (   )

20	19	18	17	
15		13		11
	9		7	6
5	4	3		1

20부터 시작해서 4씩 커지고 있어. (   )

20부터 시작해서 5씩 작아지고 있어. (   )

전부 짝수야. (   )

정답 38쪽

규칙을 찾아 알맞은 수를 각각 구하세요.

1	3	5		9
11	13	●	17	
21		25		29
▲	33		37	

●:(15)   ▲:(   )

5	6		8	9
10	★	12	13	14
15	16		■	19
	21	22	23	

★:(   )   ■:(   )

40	38	36		32
30		26	◆	22
	18		14	
10		▼		2

◆:(   )   ▼:(   )

5	10	15		25
30			45	50
	○	65		
80		♥		100

○:(   )   ♥:(   )

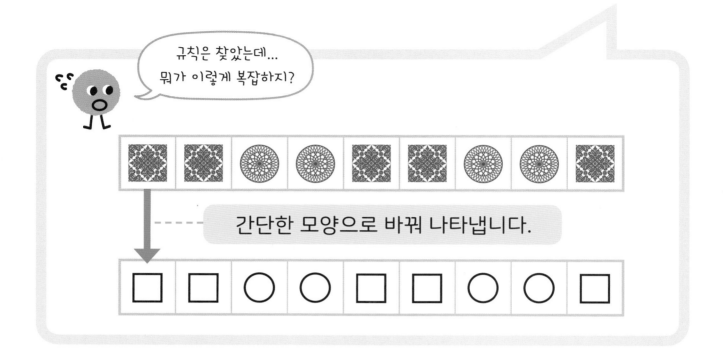

개념 익히기

정답 39쪽

규칙에 따라 빈칸을 알맞게 채우세요. (붙임딱지 이용)

2	l	2	l	2	l	2	l	2

○	—	—	○	—	—	○	—	—

ll	◇	∧	ll	◇	∧	ll	◇	∧

✏️ 개념 다지기

규칙에 따라 빈칸에 알맞은 그림이나 수를 쓰세요.

○	○	●	○	○	●	○	○

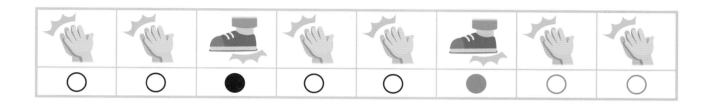

○	\	\	○				

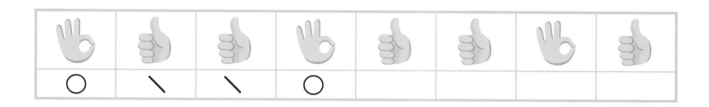

3	2	1					

↘	↗	↗	↘				

4	2	4					

4	3						

1 규칙에 따라 빈칸을 알맞게 색칠하세요.

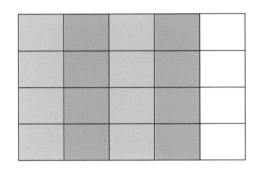

2 규칙을 보고 바르게 말한 사람에 ○표 하세요.

100원, 100원, 500원이 반복돼.

100원 다음 500원 순서로 놓여 있어.

민준   민지

(   ) (   )

3 규칙에 따라 ? 에 들어갈 그림은 연필과 지우개 중 무엇일까요?

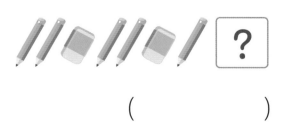

(   )

4 규칙에 따라 빈칸에 알맞은 수를 쓰세요.

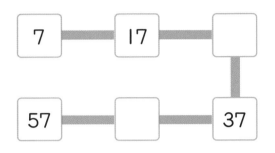

5 규칙에 따라 빈칸에 들어갈 알맞은 동작에 ○표 하세요.

(   )   (   )

6 ☀ 🌙 과 같은 규칙으로 💜 🔷 로 빈칸을 알맞게 채우세요. 붙임딱지 이용

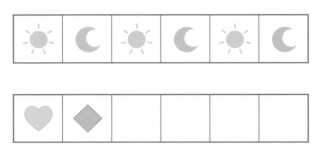

7 규칙에 따라 빈칸을 알맞게 채우세요. (붙임딱지 이용)

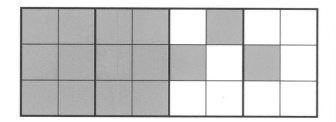

8 규칙에 따라 빈칸에 수를 쓰고, 짝수에는 노란색, 홀수에는 분홍색을 칠하세요.

25 30 35 40 □ □ □

9 규칙에 따라 빈칸을 알맞게 색칠하세요.

10 규칙에 따라 빈칸을 채우고 ▲ 모양이 모두 몇 개인지 쓰세요.

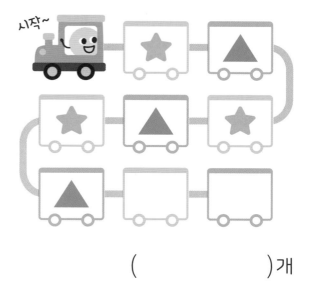

(   )개

11 수 배열표를 보고 표시한 부분의 규칙을 알맞게 쓰세요.

1	2	3	4	5
6	7	8	9	10
11	12	13	14	15
16	17	18	19	20
21	22	23	24	25

➡ 에 있는 수는 □ 씩,

⬇ 에 있는 수는 □ 씩

커집니다.

[12~13] 수 배열표를 보고 물음에 답하세요.

26	27	28	29	30	
32	33	34	35	36	
	39	40	41	42	43
44	45	46	47		49

12 규칙에 따라 수 배열표의 빈칸을 알맞게 채우세요.

13 화살표에 있는 수의 규칙을 찾아 빈칸을 채우세요.

↘ 방향으로 ☐ 씩 커지고 있습니다.

14 규칙에 따라 빈칸에 들어갈 펼친 손가락은 모두 몇 개일까요?

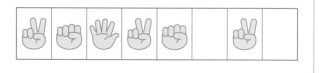

( ) 개

15 왼쪽과 같은 규칙에 따라 오른쪽의 빈칸을 알맞게 채우세요.

16 규칙 순서대로 길을 따라 선을 그어 보세요.

🐥🐓🐷 가 반복되는 규칙이야!

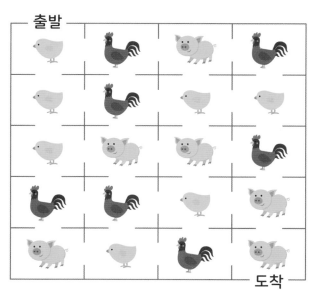

출발
도착

17 그림을 보고 바르게 말한 사람을 모두 찾아 이름을 쓰세요.

세현 → 방향으로 1씩 커지고 있어.

민주 ↑ 방향으로 6씩 커지고 있어.

영지 ↙ 방향으로 5씩 커지고 있어.

( )

18 규칙에 따라 수를 쓸 때, **여덟째 칸**에 들어갈 수는 무엇일까요?

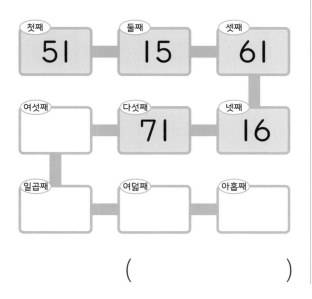

( )

19 규칙을 찾아 여러 가지 방법으로 나타내 보세요.

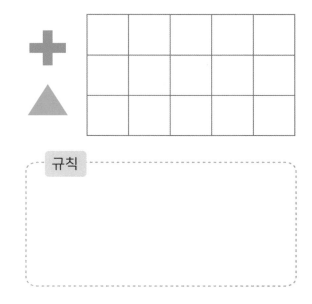

수

모양

색깔

✏ 서술형

20 주어진 모양으로 규칙을 만들어 무늬를 꾸미고, 어떤 규칙으로 꾸몄는지 쓰세요.

➕

▲

규칙

상상력 키우기

마법의 양탄자를 규칙에 맞게 색칠해 보세요.

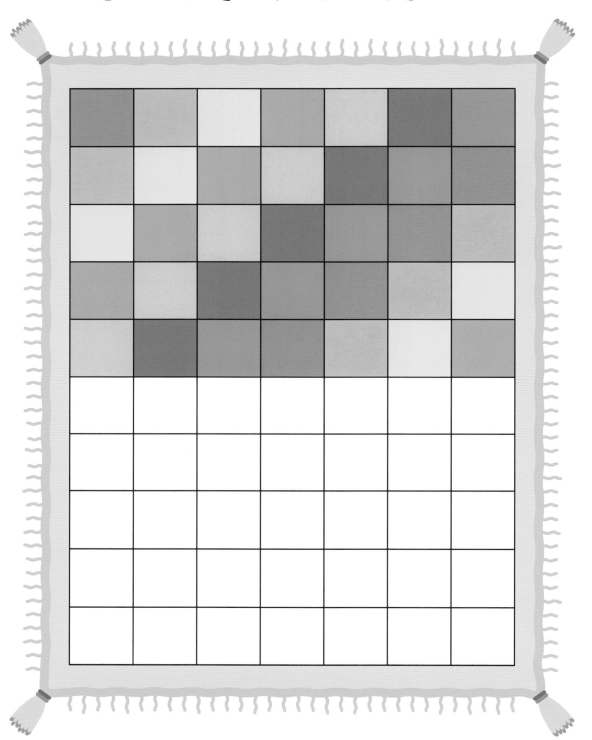

6 덧셈과 뺄셈 (3)

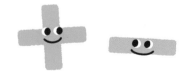

$$11 + 5 = ?$$

 10이 넘는 수와 더하는 건 어떡하지?

전부 다 세면 돼!

1	2	3	4	5
6	7	8	9	10

11	12	13	14	15
16				

11개를 그리고,   5개를 더 그려서 전부 세면 → **16개!**

➡️ $11 + 5 = 16$

 11에서 5만큼 이어 세도 되지~

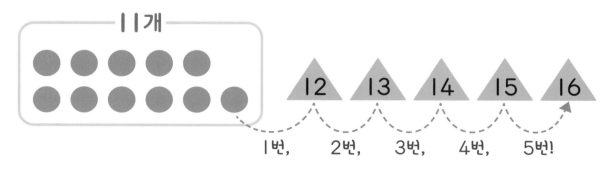

11개

1번,   2번,   3번,   4번,   5번!

➡️ $11 + 5 = 16$

수가 적힌 띠에 알맞게 표시하고, 덧셈을 하세요.

| 35 | 36 | ㊲ | 38 | ㊴ | 40 | 41 |

➡ 37 + 2 = ⬚ 39

| 40 | 41 | 42 | 43 | 44 | 45 | 46 | 47 | 48 |

➡ 42 + 5 = ⬚

| 52 | 53 | 54 | 55 | 56 | 57 | 58 | 59 |

➡ 53 + 6 = ⬚

| 80 |
| 79 |
| 78 |
| 77 |
| 76 |
| 75 |

➡ 76 + 2 = ⬚

| 26 |
| 25 |
| 24 |
| 23 |
| 22 |
| 21 |

➡ 22 + 3 = ⬚

★ 21+3=24

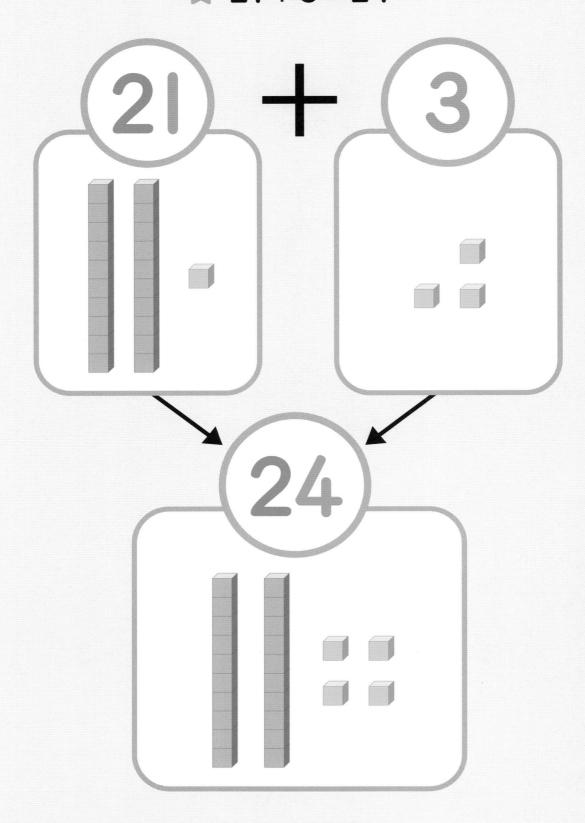

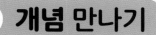

$21 + 3 = 24$

가로셈 가 ──→ 로셈

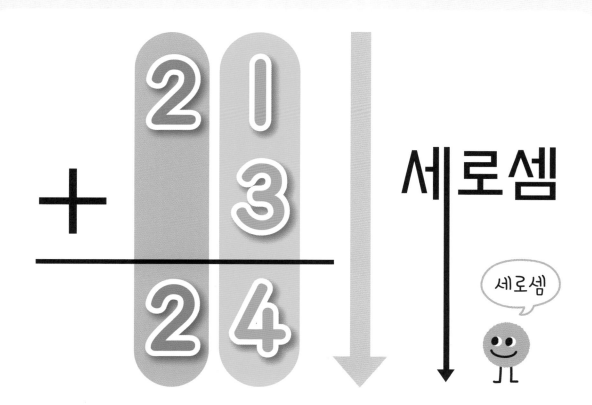

세로셈

세로셈

세로셈이 가로셈보다 훨씬 편리하지?
앞으로 세로셈으로 많이 계산하게 될 거야!

개념 쏙쏙

★ **31 + 4**를 세로셈으로 계산하는 방법

31을 쓰고,
왼쪽 아래에
＋를 써요.

같은 자리끼리
맞춰 쓰고,
줄 긋기

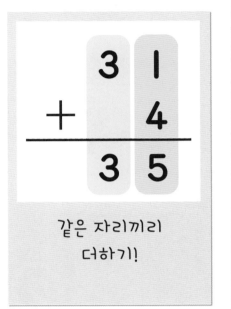

같은 자리끼리
더하기!

✏️ **개념 익히기**

정답 41쪽

그림에 알맞은 덧셈식을 세로셈으로 나타내세요. (계산은 안 해도 됩니다.)

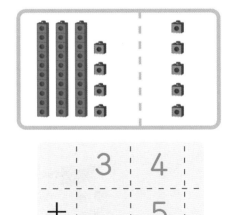

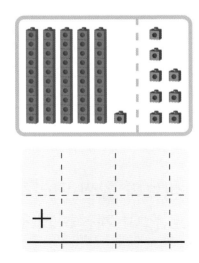

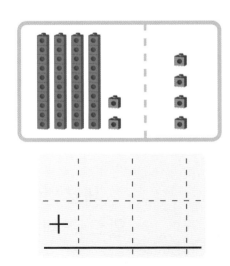

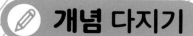

개념 다지기

덧셈을 하세요.

```
  2 2
+   7
─────
  2 9
```

```
  4 5
+   1
─────
  □ □
```

```
  6 4
+   5
─────
  □ □
```

```
  8 3
+   2
─────
  □ □
```

여기서부터는 직접 세로로 써서 계산해 봐~

$54 + 3 = \boxed{}$

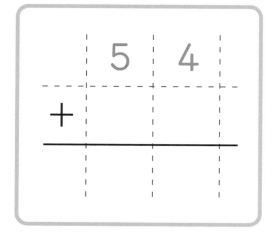

$71 + 6 = \boxed{}$

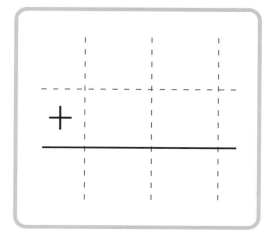

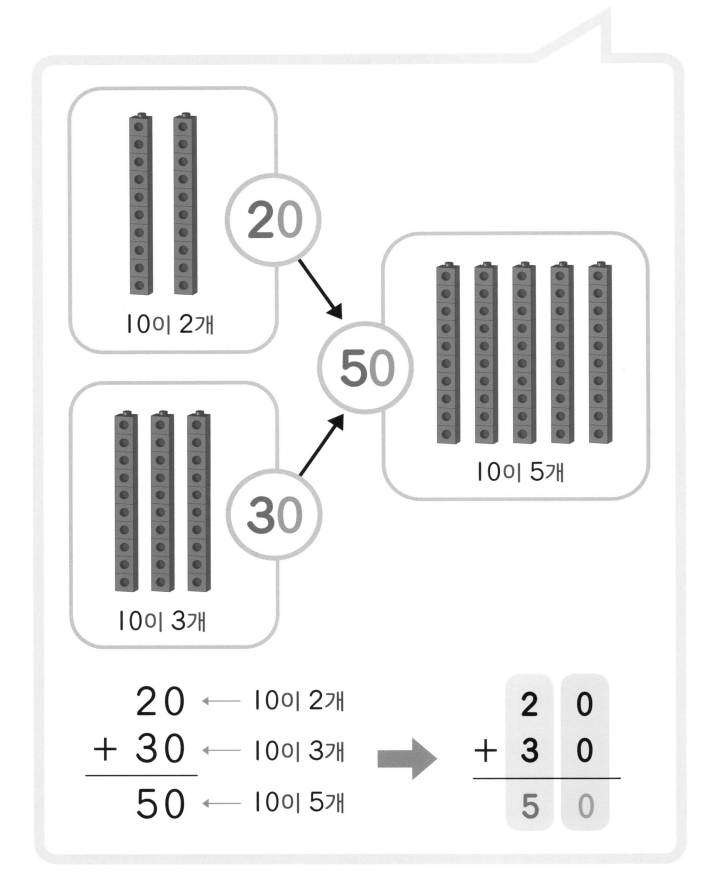

10이 2개

20

50

10이 5개

10이 3개

30

$$20 \leftarrow \text{10이 2개}$$
$$+\,30 \leftarrow \text{10이 3개}$$
$$\overline{50} \leftarrow \text{10이 5개}$$

	2	0
+	3	0
	5	0

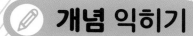

덧셈식을 세로로 쓰고, 계산 결과가 같은 것끼리 선으로 이으세요.

$40+30=$ 70

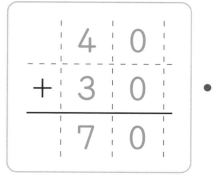

$80+10=$ ☐

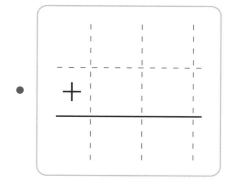

$20+70=$ ☐

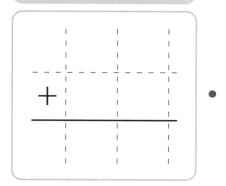

$30+50=$ ☐

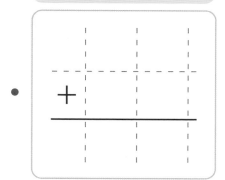

$60+20=$ ☐

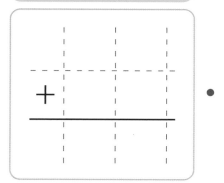

$10+60=$ ☐

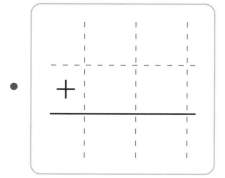

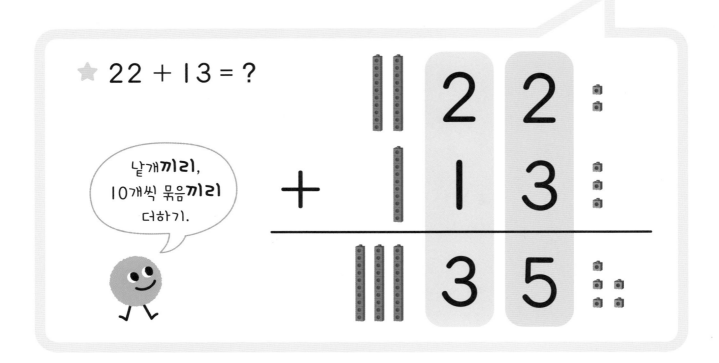

★ 22 + 13 = ?

낱개끼리,
10개씩 묶음끼리
더하기.

✏️ **개념 익히기**

정답 42쪽

그림을 보고, 덧셈을 하세요.

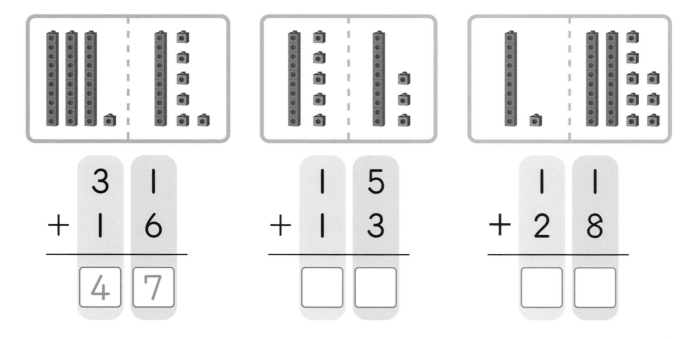

	3	1
+	1	6
	4	7

	1	5
+	1	3

	1	1
+	2	8

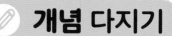

덧셈을 하세요.

$$
\begin{array}{r}
4\ 4 \\
+\ 2\ 1 \\
\hline
6\ 5
\end{array}
$$

$$
\begin{array}{r}
5\ 0 \\
+\ 3\ 2 \\
\hline
\
\end{array}
$$

$$
\begin{array}{r}
1\ 3 \\
+\ 6\ 3 \\
\hline
\
\end{array}
$$

$$
\begin{array}{r}
7\ 3 \\
+\ 2\ 5 \\
\hline
\
\end{array}
$$

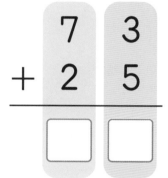

여기서부터는 직접 세로로 써서 계산해 봐~

$35 + 24 =$ ☐

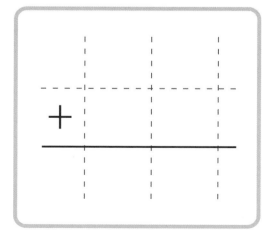

$53 + 46 =$ ☐

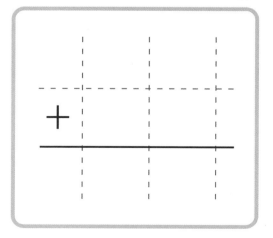

✏️ 개념 다지기

그림을 보고 물음에 답하세요.

색연필은 모두 몇 자루일까요?

식 [14] + [21] = [　] 　 답 [　] 자루

과자는 모두 몇 개일까요?

식 [　] + [　] = [　] 　 답 [　] 개

사과는 모두 몇 개일까요?

식 [　] + [　] = [　] 　 답 [　] 개

✏️ 개념 펼치기

식을 세우고 물음에 답하세요.

민준이는 지난달에 12권의 책을 읽고, 이번 달에 11권을 더 읽었습니다.
민준이가 두 달간 읽은 책은 모두 몇 권일까요?

식 $12 + 11 = 23$

답   23   권

진영이는 아침에 쿠키를 21개 먹고, 저녁에 17개를 더 먹었습니다.
진영이가 오늘 먹은 쿠키는 모두 몇 개일까요?

식 _____

답 _____ 개

동혁이는 빨간 색종이 37장과 노란 색종이 42장으로 종이학을 접었습니다.
동혁이가 사용한 색종이는 모두 몇 장일까요?

식 _____

답 _____ 장

현지는 구슬 63개로 목걸이를 만들고, 구슬 22개로 팔찌를 만들었습니다.
현지가 목걸이와 팔찌를 만드는 데 사용한 구슬은 모두 몇 개일까요?

식 _____

답 _____ 개

같은 모양에 적힌 수끼리 더해 보세요.

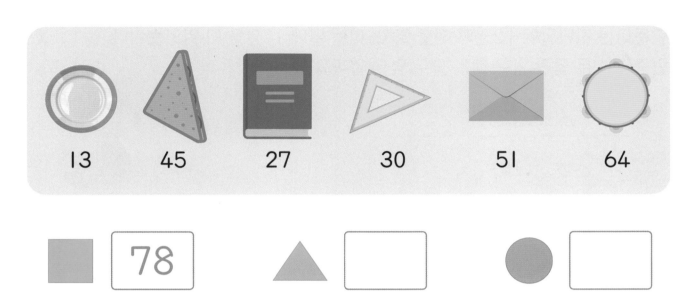

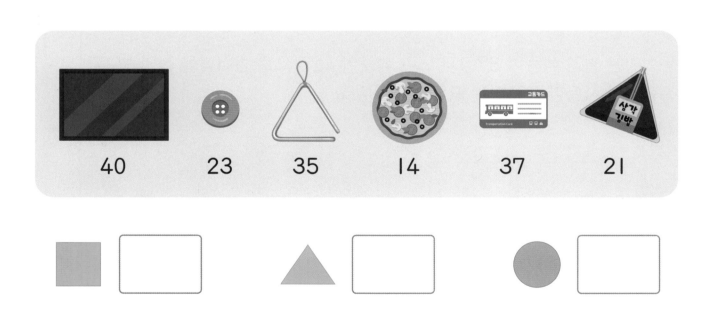

합이 큰 것부터 순서대로 글자를 쓰세요.

$52 + 31 =$ 83 **개**

$14 + 52 =$ **가**

$35 + 13 =$ **짝**

$40 + 42 =$ **구**

$61 + 13 =$ **리**

$21 + 30 =$ **폴**

➡ 개 ◯ ◯ ◯ ◯ ◯

📖 **개념 쏙쏙**

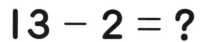

13 − 2 = ?

| 13개에서 2개를 지우기 | 13개와 2개를 비교하기 |

지우고 남은 것은 11개

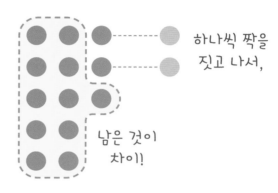

하나씩 짝을 짓고 나서,

남은 것이 차이!

➡ 13 − 2 = 11

➡ 13 − 2 = 11

✏️ **개념 익히기**

정답 44쪽

그림을 보고 빈칸을 알맞게 채우세요.

➡ 27 − 6 = 21

➡ 35 − 4 =

➡ 28 − 3 =

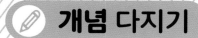

여러 가지 방법으로 뺄셈을 하세요.

$47 - 5 = \boxed{42}$

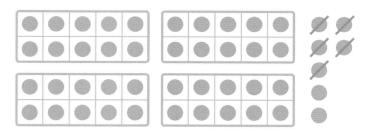

$38 - 7 = \boxed{}$

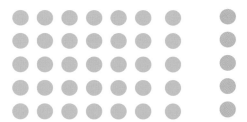

$35 - 5 = \boxed{}$

$26 - 4 = \boxed{}$

6 (몇십몇)−(몇) (2)

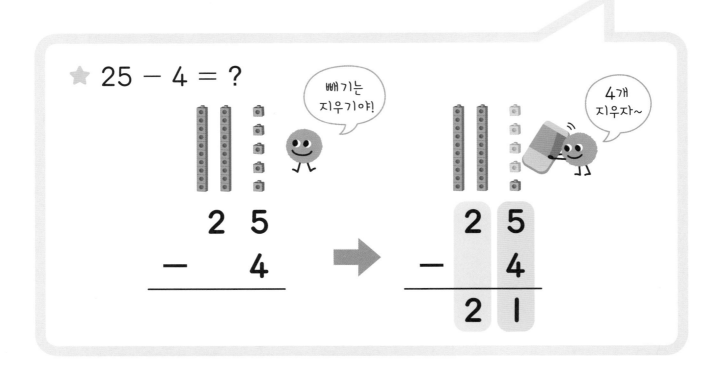

★ 25 − 4 = ?

빼기는 지우기야!

4개 지우자~

✏️ 개념 익히기

정답 44쪽

빼는 수만큼 연결 모형에 ╱표 하고, 뺄셈을 하세요.

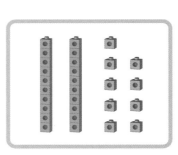

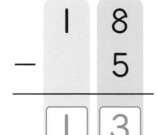

$$\begin{array}{cc} & 1\ 8 \\ - & \ \ 5 \\ \hline & 1\ 3 \end{array}$$

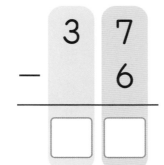

$$\begin{array}{cc} & 3\ 7 \\ - & \ \ 6 \\ \hline & \square\ \square \end{array}$$

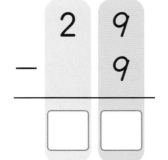

$$\begin{array}{cc} & 2\ 9 \\ - & \ \ 9 \\ \hline & \square\ \square \end{array}$$

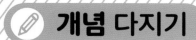

빼셈을 하세요.

```
   6 4
 -   1
 ─────
   6 3
```

```
   5 6
 -   2
 ─────
   □ □
```

```
   8 7
 -   1
 ─────
   □ □
```

```
   4 9
 -   7
 ─────
   □ □
```

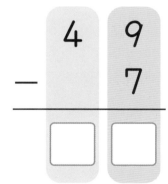
여기서부터는 직접 세로로 써서 계산해 봐~

73 - 2 = □

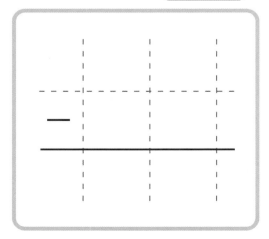

39 - 4 = □

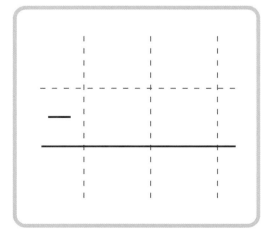

⭐ 50 − 20 = ?

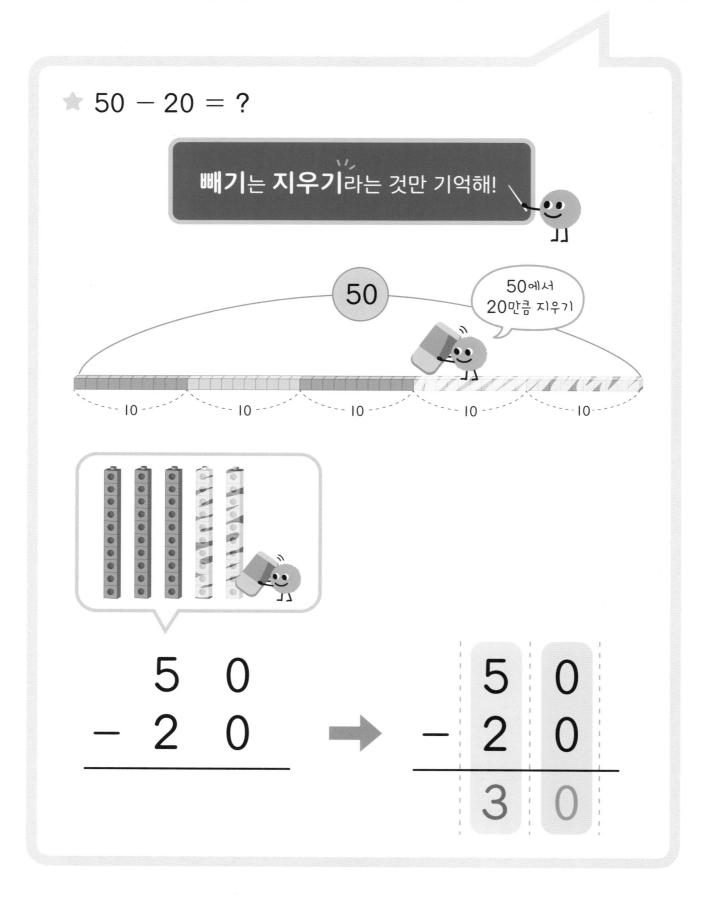

빼기는 **지우기**라는 것만 기억해!

50

50에서 20만큼 지우기

10 10 10 10 10

$$\begin{array}{r} 5\ 0 \\ -\ 2\ 0 \\ \hline \end{array}$$

➡

$$\begin{array}{r} 5\ 0 \\ -\ 2\ 0 \\ \hline 3\ 0 \end{array}$$

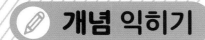

여러 가지 방법으로 뺄셈을 하고, 계산 결과가 같은 것끼리 선으로 이으세요.

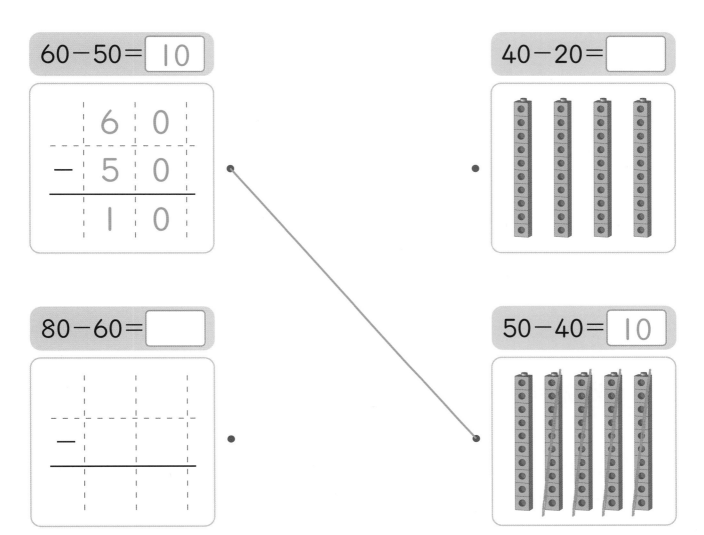

$60-50=$ 10

	6	0
−	5	0
	1	0

$40-20=$ ☐

$80-60=$ ☐

$50-40=$ 10

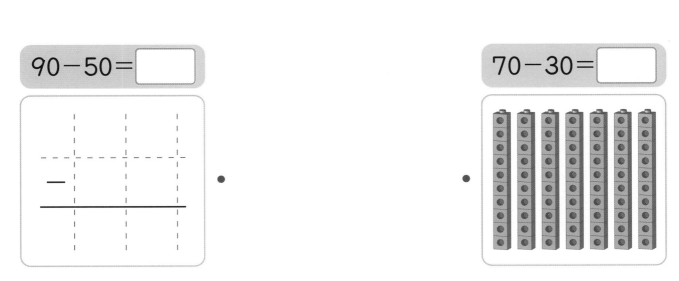

$90-50=$ ☐

$70-30=$ ☐

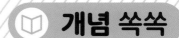

8 (몇십몇)−(몇십몇)

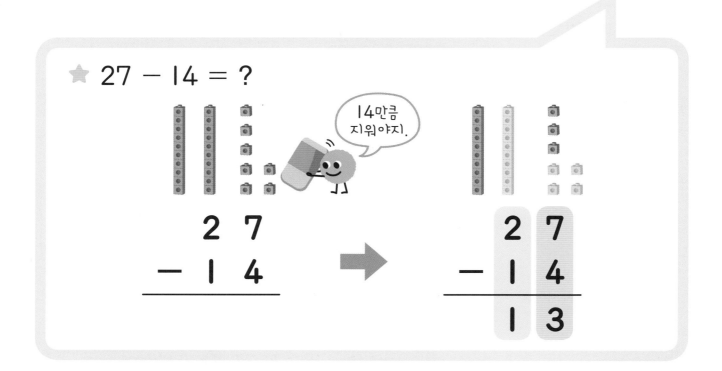

★ 27 − 14 = ?

14만큼 지워야지.

	2	7
−	1	4

➡

	2	7
−	1	4
	1	3

개념 익히기

정답 45쪽

빼는 수만큼 연결 모형에 /표 하고, 뺄셈을 하세요.

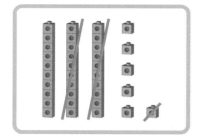

	3	6
−	2	1
	1	5

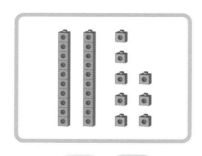

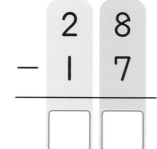

	2	8
−	1	7

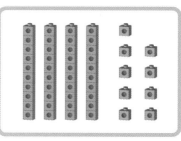

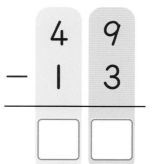

	4	9
−	1	3

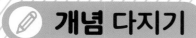

뺄셈을 하세요.

```
    5 8
  -  3 6
    2 2
```

```
    7 5
  -  6 1
    □ □
```

```
    9 6
  -  4 3
    □ □
```

```
    6 4
  -  2 4
    □ □
```

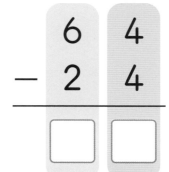

여기서부터는 직접 세로로 써서 계산해 봐~

47 − 23 = □

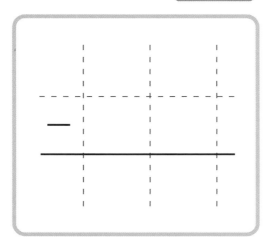

89 − 12 = □

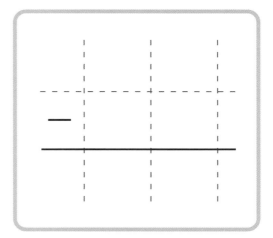

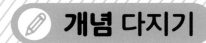

정답 46쪽

관계있는 것끼리 선으로 이으세요.

85-44	•		•	21
97-36	•		•	61
52-31	•		•	41
78-35	•		•	53
69-16	•		•	43

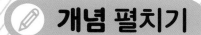

정답 46쪽

계산 결과가 큰 쪽을 따라 길을 찾고, 도착한 곳에 있는 동물에 ◯표 하세요.

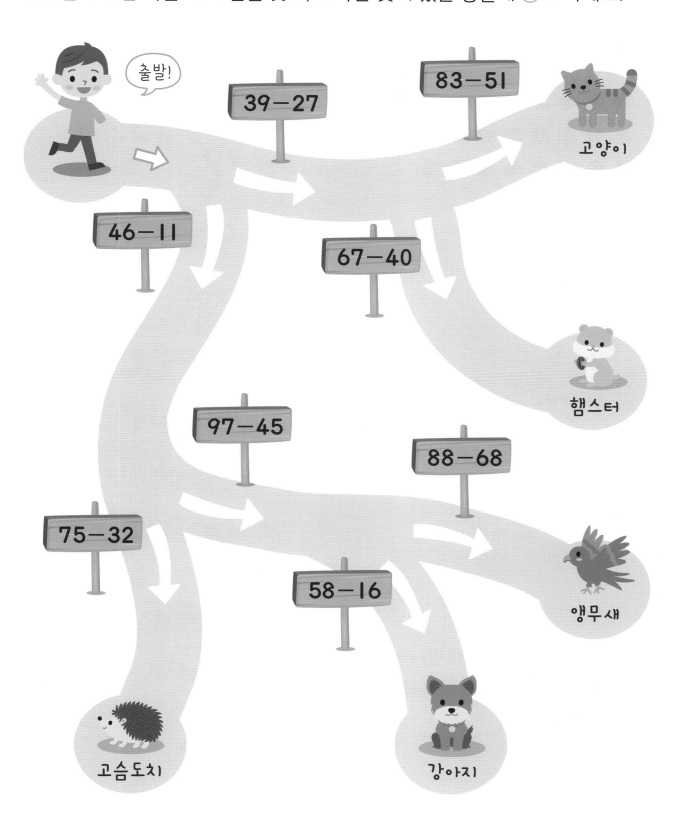

그림을 보고, 어느 것이 몇 개 더 많은지 구하세요.

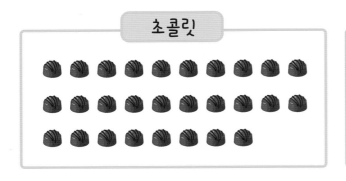

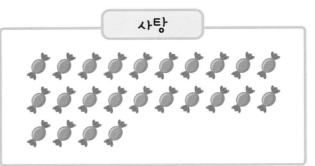

➡️ (초콜릿)이 (4)개 더 많습니다.

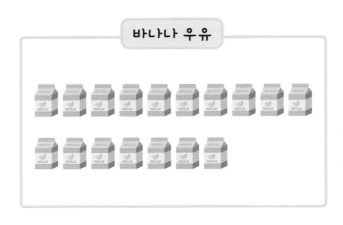

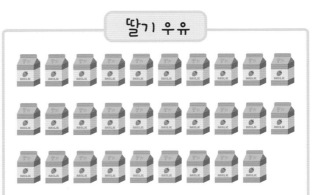

➡️ ( )가 ( )개 더 많습니다.

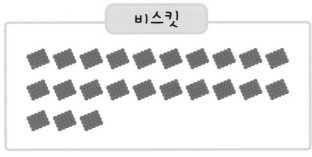

➡️ ( )이 ( )개 더 많습니다.

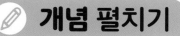 **개념 펼치기**

규칙에 따라 빈칸을 채우고 뺄셈을 하세요.

1	2	3	4	5
11	㉠	13	14	
	22	23	㉡	25

$$㉡ - ㉠ = \boxed{12}$$

25		27	㉢	29
	36	37	38	39
45		47	48	㉣

$$㉣ - ㉢ = \boxed{}$$

50		52	53	54	55
㉤	71	72	73	74	
	91	92	㉥	94	95

$$㉥ - ㉤ = \boxed{}$$

이럴 때는 더하기!

늘어나는 상황

계란 2개가 있었는데, 계란 5개를 **더 사왔습니다.**

계란은 **모두** 몇 개일까요?

➡ 2 ➕ 5

합치는 상황

파란 자동차가 4대, 노란 자동차가 1대 있습니다.

자동차는 **모두** 몇 대일까요?

➡ 4 ➕ 1

이럴 때는 빼기!

줄어드는 상황

사과 6개가 있었는데, 그중에 2개를 **먹었습니다.**
남은 사과는 몇 개일까요?

➡ 6 ⊖ 2

비교하는 상황

칭찬 스티커를 형은 5개, 동생은 3개 받았습니다.
형이 **몇 개 더** 받았을까요?

➡ 5 ⊖ 3

9 덧셈과 뺄셈

 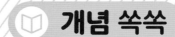

덧셈에서 자주 쓰이는 표현

더 모두 합치다 많은 큰 받았다

- **5살** 보다 **3살** **더 많은** 어린이
  늘어나는 상황
  5   3 ➡ 5 + 3 = 8

- 귤 **5개** 가 있는데 **3개** 를 **더 받았다.**
  늘어나는 상황
  5   3 ➡ 5 + 3 = 8

- 소스 **5통** 과 **3통** 을 **합쳐서** 섞었다.
  합치는 상황
  5   3 ➡ 5 + 3 = 8

개념 익히기

알맞은 덧셈식을 쓰고 계산해 보세요.

32개

45개

21개

사과와 귤이 모두
몇 개인지 구하는 식

➡ [32] + [45] = [ ]

사과와 복숭아가 모두
몇 개인지 구하는 식

➡ [ ] + [ ] = [ ]

- **6살** 보다 **2살** **어린** 동생
  ~~줄어드는 상황~~

  6   2 ➡ 6 − 2 = 4

- 빵 **6개** 에서 **2개** 를 먹고 **남은** 빵
  ~~줄어드는 상황~~

  6   2 ➡ 6 − 2 = 4

- 축구공 **6개**와 야구공 **2개**의 개수 **차이**

  비교하는 상황도 "빼기"

  (큰 수)−(작은 수)
  ➡ 6 − 2 = 4

빼셈에서 자주 쓰이는 표현

차   차이   남은
작은   주었다
덜어서   빼서

✏️ 개념 익히기

정답 47쪽

그림을 보고 두 수의 차를 구하세요.

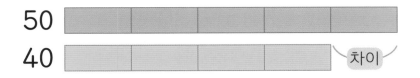

50
40   차이

➡ 50과 40의 차

50−40= 10

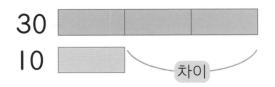

30
10   차이

➡ 30과 10의 차

30−10=

정답 48쪽

덧셈과 뺄셈을 해 보세요.

17 + 10 = 27

17 + 20 =

17 + 30 =

17 + 40 =

26 + 31 =

31 + 26 =

34 + 54 =

54 + 34 =

59 − 12 =

59 − 13 =

59 − 14 =

59 − 15 =

65 − 10 =

65 − 20 =

65 − 30 =

65 − 40 =

정답 48쪽

식을 세우고 물음에 답하세요.

키 목장에는 황소가 97마리, 젖소가 74마리 있습니다.
키 목장에 황소가 젖소보다 몇 마리 더 많을까요?

식 $97 - 74 = 23$

답 23 마리

민기는 로봇 카드를 64장 모았고, 성훈이는 33장 모았습니다.
민기는 성훈이보다 로봇 카드가 몇 장 더 많을까요?

식 _____

답 _____ 장

수족관에 금붕어가 57마리 있습니다. 오늘 금붕어가 11마리 팔렸다면
남은 금붕어는 몇 마리일까요?

식 _____

답 _____ 마리

지희는 쿠키 85개 중에 20개를 먹었습니다. 남은 쿠키는 몇 개일까요?

식 _____

답 _____ 개

✓ 개념 마무리

[1~2] 그림을 보고 물음에 답하세요.

1 파란색 모자와 빨간색 모자는 모두 몇 개인지 구하세요.

$$26 + \boxed{} = \boxed{}$$

2 파란색 모자가 빨간색 모자보다 몇 개 더 많은지 구하세요.

$$26 - \boxed{} = \boxed{}$$

3 계산해 보세요.

(1)
$$\begin{array}{r} 3\,0 \\ +\,5\,0 \\ \hline \end{array}$$

(2)
$$\begin{array}{r} 6\,2 \\ +\,3\,4 \\ \hline \end{array}$$

4 그림을 보고 뺄셈을 하세요.

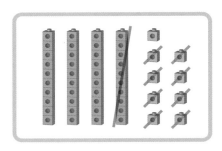

$$49 - 18 = \boxed{}$$

5 계산해 보세요.

(1)
$$\begin{array}{r} 9\,0 \\ -\,6\,0 \\ \hline \end{array}$$

(2)
$$\begin{array}{r} 8\,6 \\ -\,7\,4 \\ \hline \end{array}$$

6 은채가 말하는 수를 구하세요.

39보다 7만큼 더 작은 수야.

은채

(   )

7 두 수의 합과 차를 구하세요.

| 55 | 4 |

합: ☐

차: ☐

8 계산 결과를 비교하여 ◯ 안에 >, =, <를 알맞게 쓰세요.

30+56 ◯ 65−15

9 다음 중 뺄셈식이 어울리는 상황에 ◯표 하세요.

(1) 감자 17개와 고구마 10개가 있는데, 감자가 고구마보다 몇 개 더 많은지 구할 때 ···············( )

(2) 수민이는 색연필 13자루, 한경이는 색연필 14자루를 가지고 있는데, 두 사람이 가진 색연필이 모두 몇 자루인지 구할 때 ··········( )

(3) 바나나 19개 중에 6개를 먹고, 남은 바나나가 몇 개인지 구할 때 ( )

10 빈칸에 알맞은 수를 쓰세요.

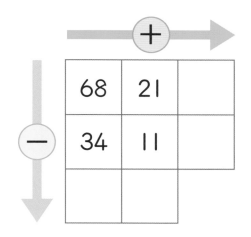

[11~12] 물음에 답하세요.

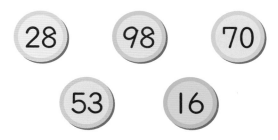

11 둘째로 큰 수와 가장 작은 수의 합을 구하세요.

☐ + ☐ = ☐

12 가장 큰 수와 셋째로 작은 수의 차를 구하세요.

☐ − ☐ = ☐

13 계산 결과가 같은 것끼리 선으로 이으세요.

42+35	98−15
12+13	49−24
81+2	79−2

14 동물원에 곰 23마리와 호랑이 36마리가 있습니다. 동물원에 있는 곰과 호랑이는 모두 몇 마리일까요?

식 _____

답 _____마리

15 오늘 맛나 카페에서 과일주스는 83잔 팔았고, 코코아는 과일주스보다 21잔 적게 팔았습니다. 오늘 하루 맛나 카페에서 판 코코아는 모두 몇 잔일까요?

식 _____

답 _____잔

16 각자 가지고 있는 수 카드 중, 큰 수에서 작은 수를 빼려고 합니다. 뺄셈 결과가 더 큰 사람에 ◯표 하세요.

지원   연우

17 그림을 보고 빈 카드에 알맞은 수를 쓰세요.

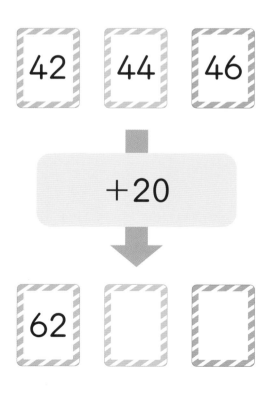

18 빈칸에 알맞은 수를 쓰세요.

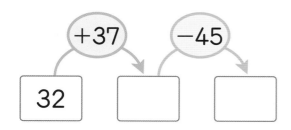

19 혜리가 쓴 글을 읽고, 빈칸에 알맞은 수를 쓰세요.

TODAY

운동장 그네 옆에 단풍나무와
은행나무가 있다.

단풍잎 47장 중 11장이
떨어져서 남은 단풍잎은

☐ 장,

은행잎 56장 중 23장이
떨어져서 남은 은행잎은

☐ 장이 되었다.

남은 잎들도 다 떨어지면
겨울이 오겠지?

✏️ 서술형

20 지윤이네 반은 남학생이 12명, 여학생이 13명이고, 민우네 반은 남학생이 18명, 여학생이 11명입니다. 어느 반 학생이 몇 명 더 많은지 풀이 과정을 쓰고 답을 구하세요.

풀이

➡️ ☐ 네 반 학생이

☐ 명 더 많습니다.

상상력 키우기

1 여러분의 이름을 가로와 세로로 써 보세요.

2 덧셈식이 어울리는 상황을 자유롭게 써 보세요.

137쪽

139쪽

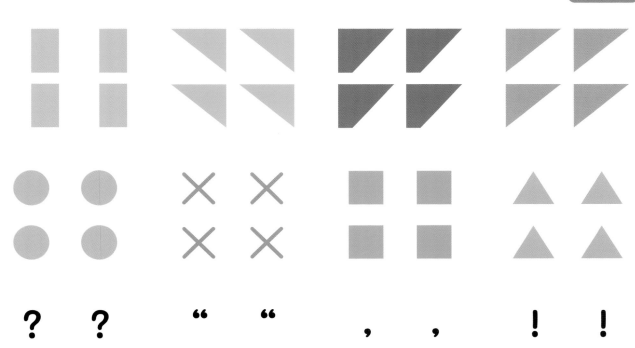

146쪽

148쪽   149쪽

1-2

1-2

새 교육과정 반영

그림으로 개념 잡는 초등수학

정답 및 해설

▶ 본문 각 페이지의 QR코드를 찍으면 더욱
자세한 풀이 과정이 담긴 영상을 보실 수 있습니다.

그림으로 개념 잡는
초등수학

1-2

정답 및 해설

1. 100까지의 수

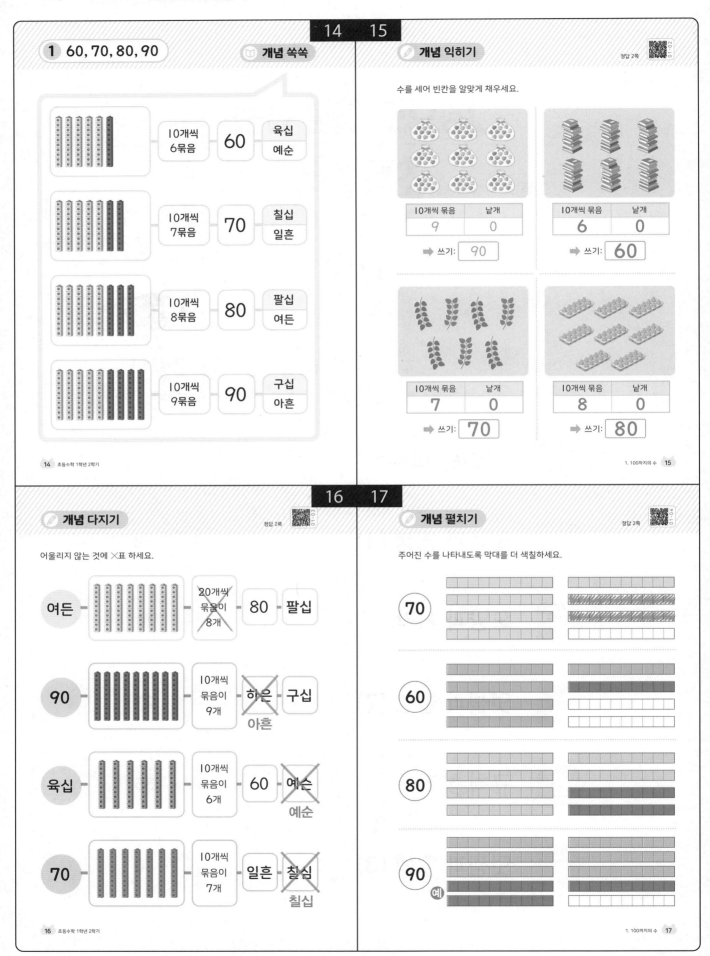

1 60, 70, 80, 90 / 개념 쏙쏙

	10개씩 6묶음	60	육십 예순
	10개씩 7묶음	70	칠십 일흔
	10개씩 8묶음	80	팔십 여든
	10개씩 9묶음	90	구십 아흔

개념 익히기

수를 세어 빈칸을 알맞게 채우세요.

10개씩 묶음	낱개
9	0

➡ 쓰기: 90

10개씩 묶음	낱개
6	0

➡ 쓰기: 60

10개씩 묶음	낱개
7	0

➡ 쓰기: 70

10개씩 묶음	낱개
8	0

➡ 쓰기: 80

개념 다지기

어울리지 않는 것에 ✕표 하세요.

여든 — [20개씩 묶음이 8개] ✕ — 80 — 팔십

90 — 10개씩 묶음이 9개 — 하은 ✕ 아흔 — 구십

육십 — 10개씩 묶음이 6개 — 60 — 예순 ✕ 예순

70 — 10개씩 묶음이 7개 — 일흔 — 칠심 ✕ 칠십

개념 펼치기

주어진 수를 나타내도록 막대를 더 색칠하세요.

70

60

80

90 예

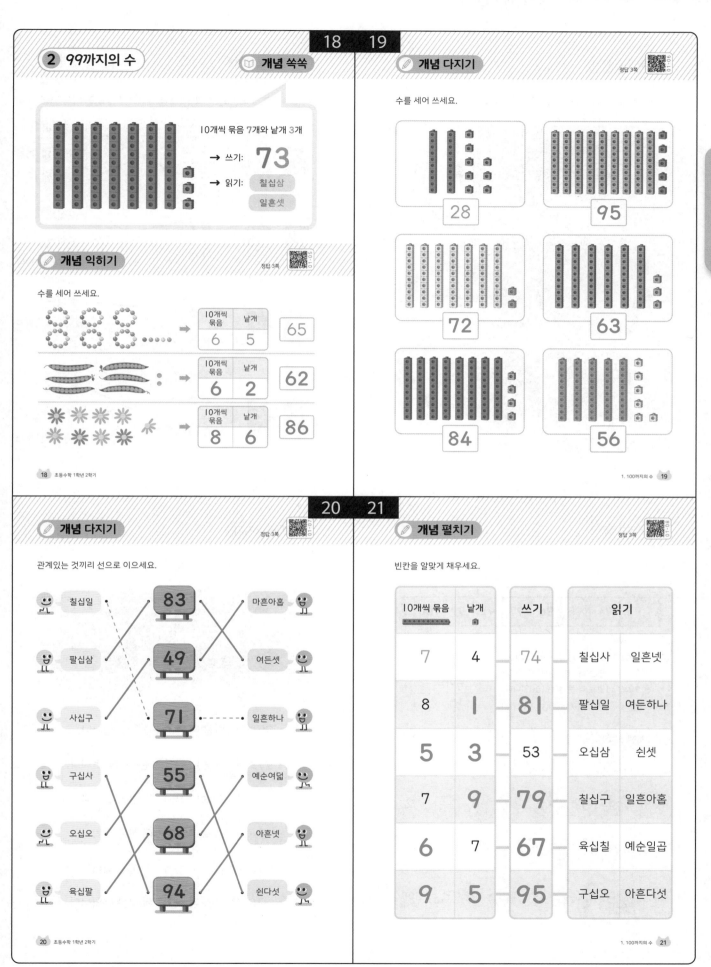

② 99까지의 수　　　　📖 개념 쏙쏙

10개씩 묶음 7개와 낱개 3개

→ 쓰기: **73**

→ 읽기: 칠십삼

　　　일흔셋

✏️ 개념 익히기　　　정답 3쪽

수를 세어 쓰세요.

10개씩 묶음	낱개
6	5

65

10개씩 묶음	낱개
6	2

62

10개씩 묶음	낱개
8	6

86

✏️ 개념 다지기　　　정답 3쪽

수를 세어 쓰세요.

28

95

72

63

84

56

정답 및 해설

✏️ 개념 다지기　　　정답 3쪽

관계있는 것끼리 선으로 이으세요.

칠십일　　83　　마흔아홉

팔십삼　　49　　여든셋

사십구　　71　　일흔하나

구십사　　55　　예순여덟

오십오　　68　　아흔넷

육십팔　　94　　쉰다섯

✏️ 개념 펼치기　　　정답 3쪽

빈칸을 알맞게 채우세요.

10개씩 묶음	낱개	쓰기	읽기	
7	4	74	칠십사	일흔넷
8	1	81	팔십일	여든하나
5	3	53	오십삼	쉰셋
7	9	79	칠십구	일흔아홉
6	7	67	육십칠	예순일곱
9	5	95	구십오	아흔다섯

정답 및 해설　3

22 23

개념 펼치기

정답 4쪽

수를 바르게 읽은 것을 따라 길을 찾고 도착한 곳의 도토리에 ○표 하세요.

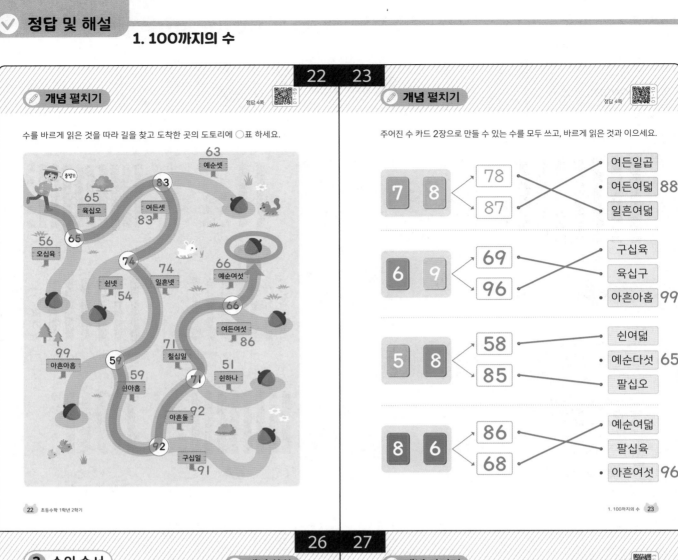

개념 펼치기

정답 4쪽

주어진 수 카드 2장으로 만들 수 있는 수를 모두 쓰고, 바르게 읽은 것과 이으세요.

| 7 8 | 78 87 | 여든일곱 · 여든여덟 88 · 일흔여덟 |

| 6 9 | 69 96 | 구십육 육십구 · 아흔아홉 99 |

| 5 8 | 58 85 | 쉰여덟 · 예순다섯 65 팔십오 |

| 8 6 | 86 68 | 예순여덟 팔십육 · 아흔여섯 96 |

26 27

3 수의 순서

개념 쏙쏙

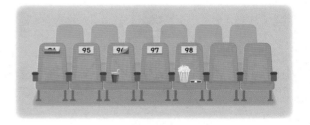

1만큼 더 작은 수

| 93 | 94 | 95 | 96 | 97 | 98 | 99 | 100 |

1만큼 더 큰 수

- 93보다 1만큼 더 큰 수는 94입니다.
- 94보다 1만큼 더 작은 수는 93입니다.
- 99보다 1만큼 더 큰 수는 100입니다.

백이라고 읽어요!

개념 익히기

정답 4쪽

수의 순서에 따라 빈칸을 알맞게 채우세요.

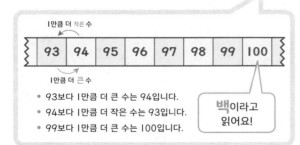

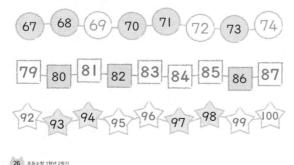

개념 다지기

정답 4쪽

극장 의자에 붙은 좌석 번호를 보고 빈칸을 알맞게 채우세요.

- 95보다 1만큼 더 큰 수는 96 입니다.
- 97보다 1만큼 더 작은 수는 96 입니다.
- 99 는 98보다 1만큼 더 큰 수입니다.
- 94 는 95보다 1만큼 더 작은 수입니다.
- 99보다 1만큼 더 큰 수는 100 입니다.
- 98 은 99보다 1만큼 더 작은 수입니다.

개념 펼치기

정답 5쪽

수의 순서대로 빈칸을 알맞게 채우세요.

41	42	43	44	45	46	47	48	49	50
51	52	53	54	55	56	57	58	59	60
61	62	63	64	65	66	67	68	69	70
71	72	73	74	75	76	77	78	79	80
81	82	83	84	85	86	87	88	89	90
91	92	93	94	95	96	97	98	99	100

개념 펼치기

정답 5쪽

마을 안내도에 상점들의 번호가 순서대로 적혀 있습니다. 보기 의 상점 번호를 보고, 안내도의 위치에 알맞게 쓰세요.

보기

95 78 69 88 100

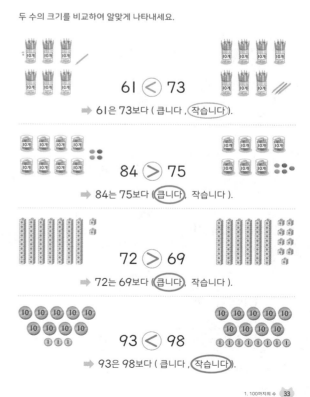

정답 및 해설

---

4 수의 크기 비교

개념 쏙쏙

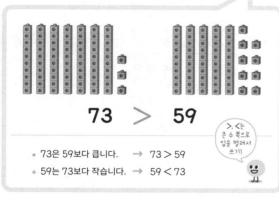

73 > 59

>, <는 큰 수 쪽으로 입을 벌려서 쓰기

- 73은 59보다 큽니다. → 73 > 59
- 59는 73보다 작습니다. → 59 < 73

개념 익히기

정답 5쪽

빈칸에 알맞은 수를 쓰세요.

67 < 76 ➡ 67 은 76 보다 작습니다.

81 > 53 ➡ 81 은 53 보다 큽니다.

92 < 94 ➡ 92 는 94 보다 작습니다.

개념 다지기

정답 5쪽

두 수의 크기를 비교하여 알맞게 나타내세요.

61 < 73

➡ 61은 73보다 (큽니다 , (작습니다)).

84 > 75

➡ 84는 75보다 ((큽니다) , 작습니다).

72 > 69

➡ 72는 69보다 ((큽니다) , 작습니다).

93 < 98

➡ 93은 98보다 (큽니다 , (작습니다)).

정답 및 해설 **5**

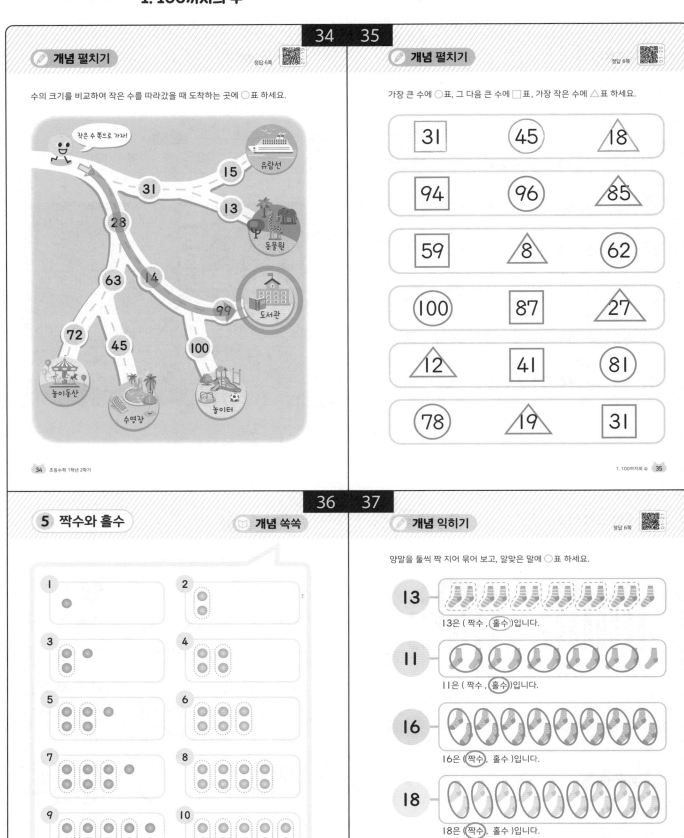

34 / 35

개념 펼치기

정답 6쪽

수의 크기를 비교하여 작은 수를 따라갔을 때 도착하는 곳에 ○표 하세요.

개념 펼치기

정답 6쪽

가장 큰 수에 ○표, 그 다음 큰 수에 □표, 가장 작은 수에 △표 하세요.

36 / 37

5 짝수와 홀수

개념 쏙쏙

★ 1, 3, 5, 7, 9와 같이 둘씩 짝을 지을 때, 남는 것이 있는 수를 **홀수**라고 합니다.

★ 2, 4, 6, 8, 10과 같이 둘씩 짝을 지을 때, 남는 것이 없는 수를 **짝수**라고 합니다.

개념 익히기

정답 6쪽

양말을 둘씩 짝 지어 묶어 보고, 알맞은 말에 ○표 하세요.

13은 (짝수 , **홀수**)입니다.

11은 (짝수 , **홀수**)입니다.

16은 (**짝수** , 홀수)입니다.

18은 (**짝수** , 홀수)입니다.

15는 (짝수 , **홀수**)입니다.

개념 다지기

정답 7쪽

개수를 쓰고, 짝수인지 홀수인지 알맞은 말에 ○표 하세요.

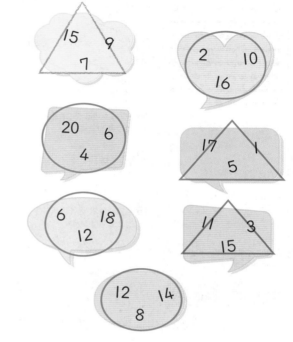

귀는 [2] 개, (홀수 , (짝수))입니다.

입은 [1] 개, ((홀수) , 짝수)입니다.

코는 [1] 개, ((홀수) , 짝수)입니다.

목은 [1] 개, ((홀수) , 짝수)입니다.

배꼽은 [1] 개, (짝수 , (홀수))입니다.

오른손의 손가락은 [5] 개, ((홀수) , 짝수)입니다.

다리는 [2] 개, (홀수 , (짝수))입니다.

발은 [2] 개, (홀수 , (짝수))입니다.

개념 펼치기

정답 7쪽

짝수만 적혀 있는 메모지에 ○표, 홀수만 적혀 있는 메모지에 △표 하세요.

정답 및 해설

개념 마무리

정답 7쪽

1 그림을 보고 빈칸에 알맞은 수를 쓰세요.

- 10개씩 묶음 [6] 개는 [60] 입니다.

2 수를 바르게 읽은 것을 모두 찾아 ○표 하세요.

90

(십구 , (구십) , 여든 , 아흔)

3 홀수를 모두 찾아 △표 하세요.

[△5△ △17△ 20 6 △13△]

4 그림을 보고 10개씩 묶음의 개수와 낱개의 개수를 쓰세요.

10개씩 묶음	낱개
7	8

5 빈칸에 알맞은 수를 쓰세요.

(1) 85보다 1만큼 더 큰 수는 [86] 입니다.

(2) 85보다 1만큼 더 작은 수는 [84] 입니다.

6 두 수의 크기를 비교하여 ○ 안에 >, <를 알맞게 쓰세요.

56 (<) 59

7 수의 순서대로 빈 곳에 알맞은 수를 쓰세요.

57 58 59 60
61 62 63 64 65
66 67 68 69 70 71
72 73 74 75 76
77 78

8 갈림길에서 만난 두 수 중 큰 수를 따라갔을 때 도착하는 곳은 어느 마을일까요?

(매미마을)

9 그림을 보고 빈칸을 알맞게 채우세요.

- 99보다 1만큼 더 큰 수를 [100] 이라고 쓰고, [백] 이라고 읽습니다.

10 개수가 짝수인 과일을 모두 찾아 ○표 하세요.

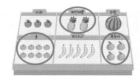

개념 마무리

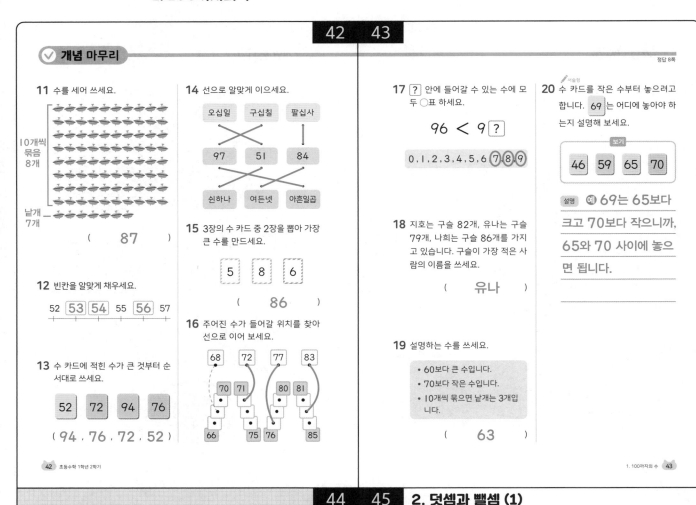

11 수를 세어 쓰세요.

10개씩 묶음 8개
낱개 7개

(87)

12 빈칸을 알맞게 채우세요.

52 [53][54] 55 [56] 57

13 수 카드에 적힌 수가 큰 것부터 순서대로 쓰세요.

52 72 94 76

(94 , 76 , 72 , 52)

14 선으로 알맞게 이으세요.

오십일   구십칠   팔십사

97   51   84

쉰하나   여든넷   아흔일곱

15 3장의 수 카드 중 2장을 뽑아 가장 큰 수를 만드세요.

5 8 6

(86)

16 주어진 수가 들어갈 위치를 찾아 선으로 이어 보세요.

68 72 77 83
70 71 80 81
66 75 76 85

17 ? 안에 들어갈 수 있는 수에 모두 ○표 하세요.

96 < 9?

0, 1, 2, 3, 4, 5, 6, ⑦, ⑧, ⑨

18 지호는 구슬 82개, 유나는 구슬 79개, 나희는 구슬 86개를 가지고 있습니다. 구슬이 가장 적은 사람의 이름을 쓰세요.

(유나)

19 설명하는 수를 쓰세요.

- 60보다 큰 수입니다.
- 70보다 작은 수입니다.
- 10개씩 묶으면 낱개는 3개입니다.

(63)

20 수 카드를 작은 수부터 놓으려고 합니다. 69는 어디에 놓아야 하는지 설명해 보세요.

보기
46 59 65 70

설명 예 69는 65보다 크고 70보다 작으니까, 65와 70 사이에 놓으면 됩니다.

---

1 100까지의 수

상상력 키우기

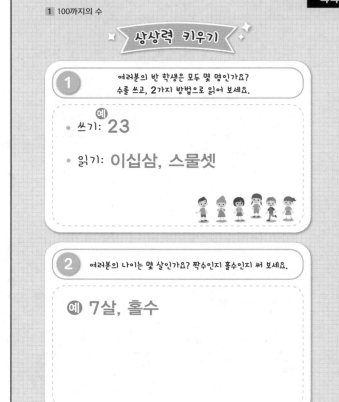

1 여러분의 반 학생은 모두 몇 명인가요? 수를 쓰고, 2가지 방법으로 읽어 보세요.

- 쓰기: 예 23
- 읽기: 이십삼, 스물셋

2 여러분의 나이는 몇 살인가요? 짝수인지 홀수인지 써 보세요.

예 7살, 홀수

---

2. 덧셈과 뺄셈 (1)

2 덧셈과 뺄셈 (1)

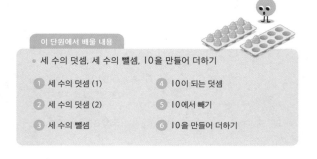

이 단원에서 배울 내용

- 세 수의 덧셈, 세 수의 뺄셈, 10을 만들어 더하기

1 세 수의 덧셈 (1) | 4 10이 되는 덧셈
2 세 수의 덧셈 (2) | 5 10에서 빼기
3 세 수의 뺄셈 | 6 10을 만들어 더하기

1 세 수의 덧셈 (1)　📖 개념 쏙쏙

$$3 + 1 + 2 = ?$$

세 수의 덧셈은 앞에서부터 차례로 더하기!

앞의 두 수부터 먼저 더하고,

남은 수 더하기!

$$3 + 1 = \boxed{4}$$

$$\boxed{4} + 2 = 6$$

✏️ 개념 익히기

정답 9쪽

수만큼 ◯를 그리고, 계산해 보세요.

$$1 + 2 + 2 = \boxed{5}$$

$$3 + 1 + 4 = \boxed{8}$$

$$4 + 1 + 2 = \boxed{7}$$

✏️ 개념 다지기

정답 9쪽

빈칸에 알맞은 수를 써서 계산해 보세요.

$$4 + 2 + 2 = \boxed{8}$$
$$4 + 2 = \boxed{6}$$
$$\boxed{6} + 2 = \boxed{8}$$

$$3 + 1 + 5 = \boxed{9}$$
$$3 + 1 = \boxed{4}$$
$$\boxed{4} + 5 = \boxed{9}$$

$$1 + 2 + 3 = \boxed{6}$$
$$1 + 2 = \boxed{3}$$
$$\boxed{3} + 3 = \boxed{6}$$

$$3 + 2 + 4 = \boxed{9}$$
$$3 + 2 = \boxed{5}$$
$$\boxed{5} + 4 = \boxed{9}$$

$$2 + 5 + 1 = \boxed{8}$$
$$2 + 5 = \boxed{7}$$
$$\boxed{7} + 1 = \boxed{8}$$

$$4 + 1 + 4 = \boxed{9}$$
$$4 + 1 = \boxed{5}$$
$$\boxed{5} + 4 = \boxed{9}$$

2 세 수의 덧셈 (2)　📖 개념 쏙쏙

• 더하기는 순서를 바꿔도 돼요.

$$\boxed{2} + \triangle = \triangle + \boxed{2}$$

$$2 + 3 + 1 = 2 + 3 + 1$$

여기를 먼저 더해도 되고,　여기를 먼저 더해도 돼!

✏️ 개념 익히기

정답 9쪽

그림을 보고 알맞은 덧셈식을 두 개 쓰세요.

$$\boxed{3} + \boxed{1}$$
$$\boxed{1} + \boxed{3}$$

$$\boxed{5} + \boxed{3}$$
$$\boxed{3} + \boxed{5}$$

$$\boxed{2} + \boxed{3}$$
$$\boxed{3} + \boxed{2}$$

✏️ 개념 다지기

정답 9쪽

그림을 보고 빈칸에 알맞은 수를 쓰세요.

$$3 + 2 + 4$$
$$= \boxed{5} + 4$$
$$= \boxed{9}$$

$$3 + 2 + 4$$
$$= 3 + \boxed{6}$$
$$= \boxed{9}$$

$$3 + 3 + 2$$
$$= \boxed{6} + 2$$
$$= \boxed{8}$$

$$3 + 3 + 2$$
$$= 3 + \boxed{5}$$
$$= \boxed{8}$$

$$2 + 1 + 6$$
$$= \boxed{3} + 6$$
$$= \boxed{9}$$

$$2 + 1 + 6$$
$$= 2 + \boxed{7}$$
$$= \boxed{9}$$

정답 및 해설　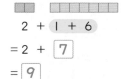　9

정답 및 해설

50 51

✏ 개념 다지기

정답 10쪽

계산해 보세요. *뒤의 두 수를 먼저 더해도 결과는 같습니다.

$2 + 3 + 3 = \boxed{8}$
$\underbrace{}_{5}$

$1 + 7 + 1 = \boxed{9}$
$\underbrace{}_{8}$

$1 + 2 + 6 = \boxed{9}$
$\underbrace{}_{3}$

$1 + 1 + 5 = \boxed{7}$
$\underbrace{}_{2}$

$4 + 1 + 4 = \boxed{9}$
$\underbrace{}_{5}$

$5 + 2 + 1 = \boxed{8}$
$\underbrace{}_{7}$

$3 + 3 + 1 = \boxed{7}$
$\underbrace{}_{6}$

✏ 개념 펼치기

정답 10쪽

수 카드 두 장을 골라 덧셈식을 완성해 보세요. *빈칸에 들어가는 수는 서로 위치가 바뀌어도 됩니다.

| 1 | 6 | 3 | 4 |

(예)
$2 + \boxed{1} + \boxed{4} = 7$

| 5 | 1 | 3 | 2 |

$4 + \boxed{1} + \boxed{3} = 8$

| 3 | 4 | 5 | 2 |

$\boxed{3} + \boxed{5} + 1 = 9$

| 2 | 1 | 4 | 7 |

$\boxed{2} + \boxed{4} + 3 = 9$

| 4 | 3 | 2 | 6 |

$1 + \boxed{3} + \boxed{2} = 6$

| 5 | 1 | 7 | 4 |

$2 + \boxed{5} + \boxed{1} = 8$

52 53

3 세 수의 뺄셈

📖 개념 쏙쏙

$7 - 4 - 2 = ?$
빼기는 지우기!

7에서 / 4만큼 지우고 / 2만큼 더 지우기

4만큼 지우고

$7 - 4 = \boxed{3}$

2만큼 더 지우기!

$\boxed{3} - 2 = 1$

✏ 개념 익히기

정답 10쪽

/로 지우면서 계산해 보세요.

$8 - 4 - 2 = \boxed{2}$

$7 - 2 - 1 = \boxed{4}$

$5 - 1 - 3 = \boxed{1}$

✏ 개념 다지기

정답 10쪽

알맞게 ○를 그리고, /로 지우면서 계산해 보세요.

$9 - 3 - 2 = \boxed{4}$

$6 - 2 - 3 = \boxed{1}$

$8 - 2 - 3 = \boxed{3}$

$5 - 1 - 2 = \boxed{2}$

$6 - 2 - 2 = \boxed{2}$

$8 - 3 - 1 = \boxed{4}$

$7 - 1 - 4 = \boxed{2}$

$9 - 1 - 3 = \boxed{5}$

✏️ 개념 다지기

정답 11쪽

빈칸에 알맞은 수를 써서 계산해 보세요.

$7 - 4 - 2 = \boxed{1}$

$7 - 4 = \boxed{3}$
$\boxed{3} - 2 = \boxed{1}$

$8 - 3 - 4 = \boxed{1}$

$8 - 3 = \boxed{5}$
$\boxed{5} - 4 = \boxed{1}$

$5 - 1 - 2 = \boxed{2}$

$5 - 1 = \boxed{4}$
$\boxed{4} - 2 = \boxed{2}$

$9 - 2 - 5 = \boxed{2}$

$9 - 2 = \boxed{7}$
$\boxed{7} - 5 = \boxed{2}$

$8 - 6 - 1 = \boxed{1}$

$8 - 6 = \boxed{2}$
$\boxed{2} - 1 = \boxed{1}$

$9 - 4 - 1 = \boxed{4}$

$9 - 4 = \boxed{5}$
$\boxed{5} - 1 = \boxed{4}$

✏️ 개념 펼치기

정답 11쪽

계산해 보세요.

$8 - 1 - 3 = \boxed{4}$ (7)

$6 - 3 - 2 = \boxed{1}$ (3)

$5 + 2 + 1 = \boxed{8}$ (7)

$4 + 2 + 3 = \boxed{9}$ (6)

$8 - 5 - 2 = \boxed{1}$ (3)

$9 - 3 - 5 = \boxed{1}$ (6)

$1 + 3 + 4 = \boxed{8}$ (4)

4 10이 되는 덧셈

📖 개념 쏙쏙

● 두 가지 색 연결 모형으로 10 만들기

$1 + 9 = 10$
$9 + 1 = 10$

$2 + 8 = 10$
$8 + 2 = 10$

$3 + 7 = 10$
$7 + 3 = 10$

$4 + 6 = 10$
$6 + 4 = 10$

$5 + 5 = 10$

$6 + 4 = 10$
$4 + 6 = 10$

$7 + 3 = 10$
$3 + 7 = 10$

$8 + 2 = 10$
$2 + 8 = 10$

$9 + 1 = 10$
$1 + 9 = 10$

＊더하기는 순서를 바꿔서 계산해도 결과가 같아요.

✏️ 개념 익히기

정답 11쪽

빈 곳에 ○를 그리고, 10이 되는 덧셈식을 완성하세요.

$5 + \boxed{5} = 10$

$\boxed{6} + 4 = 10$

$8 + \boxed{2} = 10$

$7 + \boxed{3} = 10$

$\boxed{4} + 6 = 10$

$\boxed{1} + 9 = 10$

$3 + \boxed{7} = 10$

$2 + \boxed{8} = 10$

정답 및 해설

58   59

📝 개념 다지기

정답 12쪽

더해서 10이 되도록 빈칸을 알맞게 채우세요.

$2 + \boxed{8} = 10$　　　$3 + \boxed{7} = 10$

$\boxed{6} + 4 = 10$　　　$8 + \boxed{2} = 10$

$\boxed{5} + 5 = 10$　　　$\boxed{9} + 1 = 10$

$7 + \boxed{3} = 10$　　　$4 + \boxed{6} = 10$

$\boxed{1} + 9 = 10$　　　$\boxed{7} + 3 = 10$

$5 + \boxed{5} = 10$　　　$\boxed{8} + 2 = 10$

📝 개념 펼치기

정답 12쪽

더해서 10이 되는 칸만 지나도록 선을 그어 보세요.

출발

9+1	6+3

2+6	1+9	5+4	8+1
8+1	4+6	7+2	1+8
3+6	5+5	7+3	2+8	1+9
1+8	2+7	4+4	6+4
5+4	6+3	8+2	5+5	7+2
4+5	3+7	7+2	4+5
4+6	9+1	8+2

도착

60   61

5 10에서 빼기　　📖 개념 쏙쏙

이번에는 10에서 빼 보자!

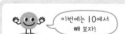 $10 - 5 = 5$

 $10 - 1 = 9$　　 $10 - 6 = 4$

 $10 - 2 = 8$　　 $10 - 7 = 3$

 $10 - 3 = 7$　　 $10 - 8 = 2$

 $10 - 4 = 6$　　 $10 - 9 = 1$

📝 개념 익히기

정답 12쪽

그림을 보고 빈칸을 알맞게 채우세요.

$10 - 3 = \boxed{7}$　$10 - \boxed{5} = 5$　$10 - \boxed{4} = 6$

📝 개념 다지기

정답 12쪽

주어진 상황에 알맞은 뺄셈식을 만들어 보세요.

한 손에 바둑돌이 6개 있습니다.
바둑돌이 모두 10개라면 다른 손에 있는
바둑돌은 몇 개일까요?

➡ $10 - \boxed{6} = \boxed{4}$

달걀 10개 중에서 4개를 사용하여 음식을
만들었습니다. 남은 달걀은 몇 개일까요?

➡ $10 - \boxed{4} = \boxed{6}$

고리 10개 중에서 2개를 던졌습니다.
아직 던지지 않은 고리는 몇 개일까요?

➡ $10 - \boxed{2} = \boxed{8}$

친구 10명 중에 3명이 도착했습니다.
아직 오지 않은 친구는 몇 명일까요?

➡ $10 - \boxed{3} = \boxed{7}$

✏️ 개념 펼치기

정답 13쪽

차를 구하고 보기 에서 알맞은 글자를 찾아 쓰세요.

$$10 - 2 = \boxed{8} \rightarrow 즐$$

$$10 - 5 = \boxed{5} \rightarrow 거$$

$$10 - 7 = \boxed{3} \rightarrow 운$$

$$10 - 6 = \boxed{4} \rightarrow 수$$

$$10 - 9 = \boxed{1} \rightarrow 학$$

$$10 - 3 = \boxed{7} \rightarrow 공$$

$$10 - 8 = \boxed{2} \rightarrow 부$$

보기	
1	학
2	부
3	운
4	수
5	거
7	공
8	즐

✏️ 개념 펼치기

정답 13쪽

식을 세우고 물음에 답하세요.

열 손가락에서 3개를 접었을 때, 펼쳐진 손가락은 몇 개일까요?

식 　$10 - 3 = 7$　　답 　7　개

세 명의 친구들이 종이배를 만들었습니다. 지윤이는 3개, 하진이는 2개, 혜원이는 4개를 만들었다면, 세 사람이 만든 종이배는 모두 몇 개일까요?

식 　$3 + 2 + 4 = 9$　　답 　9　개

나뭇가지에 참새 2마리가 앉아 있는데, 비둘기 8마리가 날아와 앉았습니다. 나뭇가지에 앉아 있는 새는 모두 몇 마리일까요?

식 　$2 + 8 = 10$　　답 　10　마리

머핀 9개 중에서 내가 2개 먹고, 동생이 1개를 먹었다면, 남은 머핀은 모두 몇 개일까요?

식 　$9 - 2 - 1 = 6$　　답 　6　개

6 10을 만들어 더하기

📖 개념 쏙쏙

순서대로 더하기

$$2 + 6 + 4 = ?$$

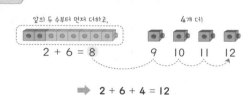

앞의 두 수부터 먼저 더하고,　　4개 더

$$2 + 6 = 8$$

9　10　11　12

➡️ $2 + 6 + 4 = 12$

10이 되는 두 수를 먼저 더하기

$$2 + 6 + 4 = ?$$

10을 먼저 만들고,

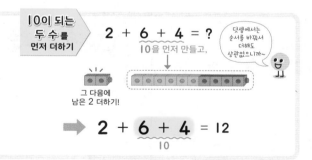

그 다음에 남은 2 더하기!

➡️ $2 + \underline{6 + 4} = 12$
　　　　10

덧셈에서는 순서를 바꿔서 더해도 상관없으니까~

✏️ 개념 익히기

아래 그림을 이용하여 세 수를 앞에서부터 순서대로 더해 보세요.

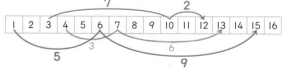

$$4 + 3 + 6 = \boxed{13} \quad 3 + 7 + 2 = \boxed{12} \quad 1 + 5 + 9 = \boxed{15}$$

✏️ 개념 익히기

정답 13쪽

더해서 10이 되는 두 수에 ○표 하고, 세 수의 합을 구하세요.

$$⑤ + ⑤ + 7 = \boxed{17}$$

$$9 + ⑦ + ③ = \boxed{19}$$

$$② + ⑧ + 6 = \boxed{16}$$

66 67

✏ 개념 다지기

정답 14쪽

연결한 두 수가 10이 되도록 ○ 안에 알맞은 수를 쓰고, 세 수의 합을 구하세요.

$4 + 4 + ⑥ = \boxed{14}$

$⑧ + 2 + 5 = \boxed{15}$

$9 + ③ + 7 = \boxed{19}$

$1 + 6 + ④ = \boxed{11}$

$⑤ + 5 + 2 = \boxed{12}$

$⑦ + 3 + 8 = \boxed{18}$

$6 + ⑧ + 2 = \boxed{16}$

✏ 개념 펼치기

정답 14쪽

식을 세우고 물음에 답하세요.

현수는 색종이로 개구리 7마리, 학 4마리, 거북이 6마리를 만들었습니다. 현수가 색종이로 만든 동물은 모두 몇 마리일까요?

 식 $7+4+6=17$ 답 17 마리

$7+4+6=17$

승민이는 수학 문제집을 2쪽 풀고, 윤아는 8쪽 풀고, 도현이는 9쪽 풀었습니다. 세 사람이 푼 수학 문제집은 모두 몇 쪽일까요?

 식 $2+8+9=19$ 답 19 쪽

$2+8+9=19$

채슬이네 어항에는 빨간색 금붕어가 4마리, 검은색 금붕어가 5마리, 하얀색 금붕어가 5마리 있습니다. 채슬이네 어항에 있는 금붕어는 모두 몇 마리일까요?

 식 $4+5+5=14$ 답 14 마리

$4+5+5=14$

은찬이는 동화책 7권, 만화책 3권, 위인전 6권을 읽었습니다. 은찬이가 읽은 책은 모두 몇 권일까요?

식 $7+3+6=16$ 답 16 권

$7+3+6=16$

68

✔ 개념 마무리

[1~2] 그림을 보고 물음에 답하세요.

1 도넛, 케이크, 쿠키는 모두 몇 개일까요?

(9)개

2 도넛, 케이크, 쿠키는 모두 몇 개인지 구하는 덧셈식을 만들고 계산해 보세요.

$\boxed{3} + \boxed{2} + \boxed{4} = \boxed{9}$

3 그림에 맞는 뺄셈식을 만들고 계산해 보세요.

$8 - \boxed{4} - \boxed{2} = \boxed{2}$

(또는 $8-2-4=2$)

4 $8-1-4$를 계산할 때, 빈칸을 알맞게 채우세요.

$8 - 1 = \boxed{7}$

$\boxed{7} - 4 = \boxed{3}$

5 그림을 보고, 2가지 방법으로 덧셈식을 만들어 계산해 보세요.

모자를 먼저 : $\boxed{3} + \boxed{7} = \boxed{10}$

우산을 먼저 : $\boxed{7} + \boxed{3} = \boxed{10}$

6 펼친 손가락이 몇 개인지 구하는 식을 완성해 보세요.

$10 - \boxed{4} = \boxed{6}$

2 $3+2+4=9$

3 $8-4-2=2$

$8-2-4=2$

6 접은 손가락: 4개

→ $10-4=6$

7 ♡모양에 적혀 있는 수:
3, 6, 4

$$3+6+4=13$$
$$\underbrace{}_{10}$$

8 $$4+8+2=14$$
$$\underbrace{}_{10}$$

9 $$7-3-2=2$$
$$\underbrace{}_{4}$$

13 ㉠ $$8-2-2=4$$
$$\underbrace{}_{6}$$

ㄴ $$2+1+5=8$$
$$\underbrace{}_{3}$$

ㄷ $$7-1-3=3$$
$$\underbrace{}_{6}$$

69

정답 14~15쪽

7 ♡모양에 적혀 있는 수를 모두 더하세요.

(13)

8 세 수를 더하려고 합니다. 보기 와 같이 10이 되는 두 수에 밑줄을 긋고 빈칸에 알맞은 수를 쓰세요.

보기 $$1+9+3=13$$

$$4+\underline{8+2}=\boxed{14}$$

9 세웅이는 새로 산 7권의 과학책 중 3권을 지난달에 읽고, 2권을 이번 달에 읽었습니다. 세웅이가 아직 읽지 않은 과학책은 모두 몇 권일까요?

$$\boxed{2}$$ 권

10 합이 같은 것끼리 선으로 이으세요.

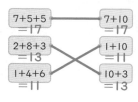

11 수직선의 5에서 시작하여 오른쪽 으로 5칸을 가고, 3칸을 더 간다 면 어느 수에 도착할까요?

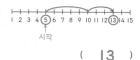

(13)

12 어느 해의 비가 온 날수가 1월에는 1일, 2월에는 3일, 3월에는 5일 이었습니다. 1월부터 3월까지 비 가 온 날은 모두 며칠일까요?

$$\boxed{9}$$ 일

2. 덧셈과 뺄셈 (1) 69

✓ **개념 마무리**

13 계산 결과가 큰 것부터 순서대로 기호를 쓰세요.

㉠ $$8-2-2=4$$
㉡ $$2+1+5=8$$
㉢ $$7-1-3=3$$

(㉡ , ㉠ , ㉢)

14 수 카드 두 장을 골라 덧셈식을 완성해 보세요.

| 4 | 9 | 6 | 3 |

$$2+\boxed{6}+\boxed{4}=12$$
(또는 $2+4+6=12$)

15 재희가 다른 손에 감춘 바둑돌은 몇 개일까요?

$$\boxed{7}$$ 개

16 > 또는 <가 바르게 쓰인 식에는 ○표, 그렇지 않은 식에는 ×표 하 세요.

(1) $$4+5 > 10$$ (×)
  $$=9$$
(2) $$10-5 < 6$$ (○)
  $$=5$$
(3) $$2+8+6 > 11$$ (○)
  $$=16$$

70 초등수학 1학년 2학기

---

10 $$7+5+5=17$$
$$\underbrace{}_{10}$$

$$2+8+3=13$$
$$\underbrace{}_{10}$$

$$1+4+6=11$$
$$\underbrace{}_{10}$$

12 $$1+3+5=9$$
$$\underbrace{}_{4}$$

15 바둑돌은 모두 10개이 고, 펼친 손에 바둑돌 이 3개 있으므로 다른 손에 감춘 바둑돌은 $10-3=7$(개)입니다.

16
(1) (4+5) >10

   9

➡ 9>10은 틀렸습니다.

(2) (10-5) <6

   5

➡ 5<6은 맞습니다.

(3) (2+8+6) >11

   16

➡ 16>11은 맞습니다.

정답 및 해설 15

정답 및 해설

71

정답 15~16쪽

17 13을 10+3으로 생각하여 3을 먼저 찾고,

2 9 8 ③ 7

남은 수 중에서 합이 10이 되는 두 수를 찾으면 2와 8입니다.

(2) 9 (8) ③ 7
  └──10──┘

따라서 합이 13이 되는 세 수는 2, 8, 3입니다.

18 쓰러뜨린 볼링핀의 개수

1회: 6개

2회: 3개

3회: 7개

→ 6+3+7=16
   └─10─┘

17 합이 13이 되는 세 수를 찾아 ○표 하세요.

② 9 ⑧ ③ 7

18 볼링공을 굴려서 쓰러뜨린 볼링 핀에 ×표 했습니다. 3회 동안 쓰러뜨린 볼링 핀은 모두 몇 개일까요?

1회	
2회	
3회	

16 개

🖋서술형
19 그림을 보고 원숭이가 무엇을 잘못 생각하고 있는지 설명하세요.

설명
예 두 수를 바꾸어 더해도 결과가 같으니까, 3+7과 7+3의 계산 결과는 같습니다. 그런데 원숭이는 7+3의 계산 결과가 더 크다고 생각하고 있습니다.

🖋서술형
20 상자에 파란 종이학 3마리, 노란 종이학 1마리, 빨간 종이학 몇 마리가 있습니다. 상자 안에 있는 종이학이 모두 8마리라면 빨간 종이학은 몇 마리인지 풀이 과정을 쓰고 답을 구하세요.

풀이
예 전체 종이학의 수에서 파란 종이학과 노란 종이학의 수를 빼면 됩니다.
8-3-1=4이므로 빨간 종이학은 4마리입니다.

답 ____4____ 마리

20 8-3-1=4
       └─5─┘

72 73   **3. 모양과 시각**

✦ 상상력 키우기 ✦

1 여러분의 나이를 쓰고, 몇 살 더 먹어야 10살이 되는지 써 보세요.

예
• 내 나이 : 7 살

• 3 살 더 먹으면 10살이 됩니다.

2 답이 0이 되는 세 수의 뺄셈식을 자유롭게 만들어 보세요.

예
8 − 3 − 5 = 0

3 모양과 시각

이 단원에서 배울 내용

■, ▲, ● 모양과 시각 알기

① 여러 가지 모양 찾기   ④ □시

② 여러 가지 모양 알기   ⑤ □시 30분

③ 여러 가지 모양 꾸미기   ⑥ 시각

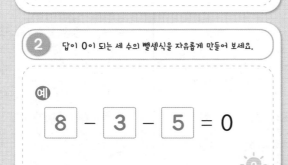

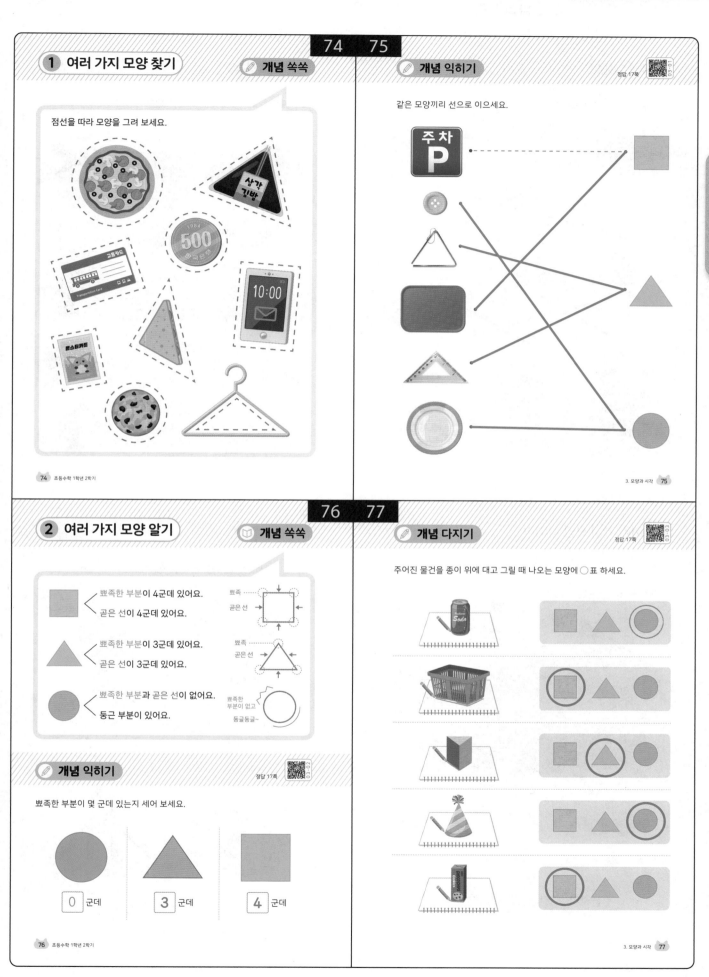

1 여러 가지 모양 찾기

개념 쏙쏙

점선을 따라 모양을 그려 보세요.

개념 익히기

정답 17쪽

같은 모양끼리 선으로 이으세요.

2 여러 가지 모양 알기

개념 쏙쏙

뽀족한 부분이 4군데 있어요.
곧은 선이 4군데 있어요.

뽀족
곧은 선

뽀족한 부분이 3군데 있어요.
곧은 선이 3군데 있어요.

뽀족
곧은 선

뽀족한 부분과 곧은 선이 없어요.
둥근 부분이 있어요.

뽀족한
부분이 없고
둥글둥글~

개념 익히기

정답 17쪽

뽀족한 부분이 몇 군데 있는지 세어 보세요.

0	군데
3	군데
4	군데

개념 다지기

정답 17쪽

주어진 물건을 종이 위에 대고 그릴 때 나오는 모양에 ○표 하세요.

정답 및 해설 **17**

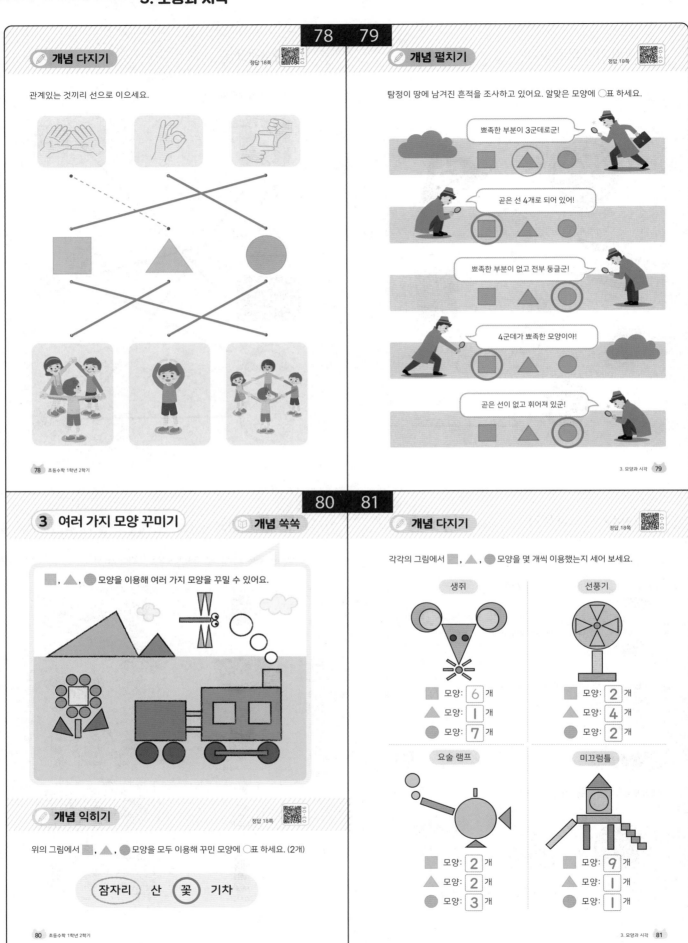

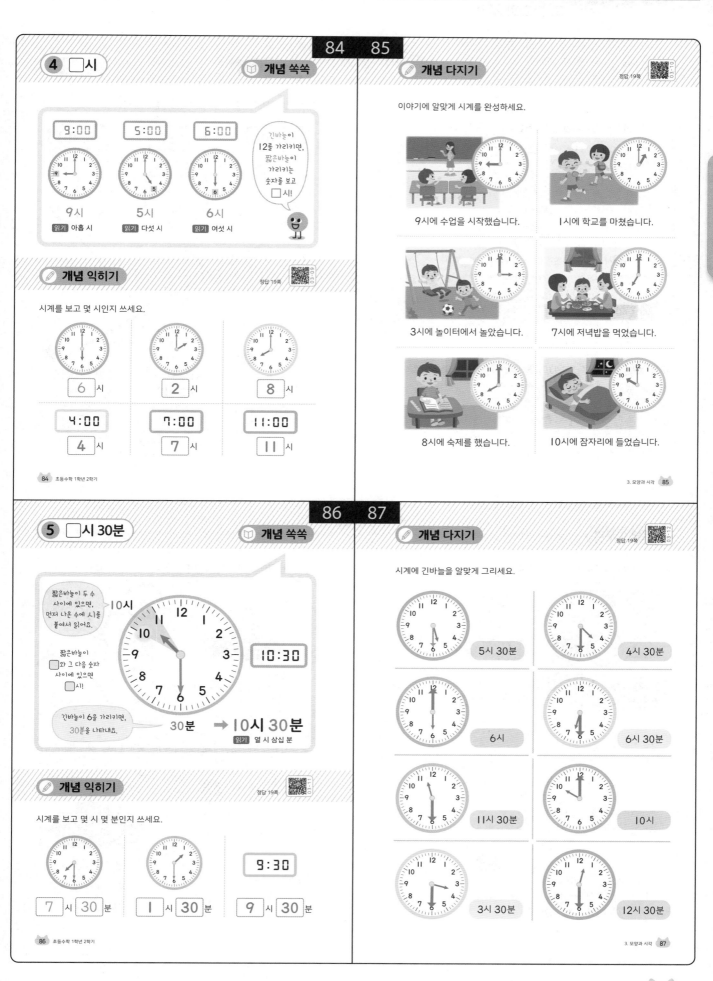

4 □시

개념 쏙쏙

9:00　5:00　6:00

긴바늘이 12를 가리키면, 짧은바늘이 가리키는 숫자를 보고 □시!

9시　5시　6시

읽기 아홉 시　읽기 다섯 시　읽기 여섯 시

개념 익히기

정답 19쪽

시계를 보고 몇 시인지 쓰세요.

6 시　2 시　8 시

4:00　7:00　11:00

4 시　7 시　11 시

개념 다지기

정답 19쪽

이야기에 알맞게 시계를 완성하세요.

9시에 수업을 시작했습니다.　1시에 학교를 마쳤습니다.

3시에 놀이터에서 놀았습니다.　7시에 저녁밥을 먹었습니다.

8시에 숙제를 했습니다.　10시에 잠자리에 들었습니다.

정답 및 해설

---

5 □시 30분

개념 쏙쏙

짧은바늘이 두 수 사이에 있으면, 먼저 나온 수에 시를 붙여서 읽어요.

→10시

짧은바늘이 □와 그 다음 숫자 사이에 있으면 □시!

긴바늘이 6을 가리키면, 30분을 나타내요.

10:30

30분 → 10시 30분

읽기 열 시 삼십 분

개념 익히기

정답 19쪽

시계를 보고 몇 시 몇 분인지 쓰세요.

7 시 30 분　1 시 30 분

9:30

9 시 30 분

개념 다지기

정답 19쪽

시계에 긴바늘을 알맞게 그리세요.

5시 30분　4시 30분

6시　6시 30분

11시 30분　10시

3시 30분　12시 30분

정답 및 해설 **19**

88　89

6　시각

📖 개념 쏙쏙

긴바늘이 돌아가면 **짧은바늘**도 같이 **움직입니다.**

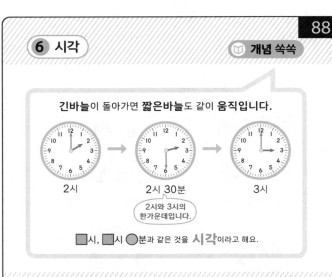

2시 → 2시 30분 → 3시

2시와 3시의 한가운데입니다.

⬛시, ⬛시 ⬤분과 같은 것을 **시각**이라고 해요.

✏️ 개념 익히기

설명하는 시각을 시계에 나타내세요.

| 4시와 5시의 한가운데 | 9시와 10시의 한가운데 | 11시와 12시의 한가운데 |

✏️ 개념 다지기

정답 20쪽

시각을 시계에 나타내고, 관계있는 것과 선으로 이으세요.

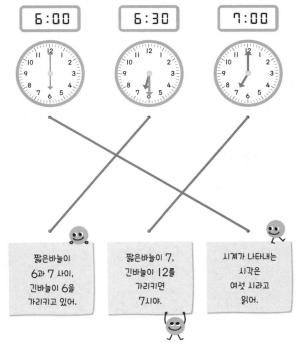

짧은바늘이 6과 7 사이, 긴바늘이 6을 가리키고 있어.

짧은바늘이 7, 긴바늘이 12를 가리키면 7시야.

시계가 나타내는 시각은 여섯 시라고 읽어.

90　91

✅ 개념 마무리

정답 20쪽

[1~3] 그림을 보고 물음에 답하세요.

1 위의 그림에서 ⬛모양에 모두 □표 하고 개수를 세어 보세요.

(　3　)개

2 위의 그림에서 ▲모양에 모두 △표 하고 개수를 세어 보세요.

(　2　)개

3 위의 그림에서 ⬤모양에 모두 ○표 하고 개수를 세어 보세요.

(　4　)개

4 시계를 보고, 시각을 쓰세요.

9 시

5 시각을 보고, 시계에 짧은바늘을 알맞게 그리세요.

7시 30분

6 친구가 설명하는 모양에 ○표 하세요.

뾰족한 부분이 한 군데도 없어.

7 그림과 같이 물건의 바닥을 찰흙 위에 찍었습니다. 찍힌 모양으로 알맞은 것을 찾아 ○표 하세요.

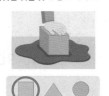

8 친구가 설명하는 시각을 시계에 나타내고 쓰세요.

짧은바늘은 3과 4 사이에 있고 긴바늘은 6을 가리키고 있어.

시각　**3시 30분**

9 다음 시계에서 긴바늘이 한 바퀴 움직인 후의 시각을 쓰세요.

(　6　)시

10 같은 모양끼리 선으로 이으세요.

11 그림에서 ⬛, ▲, ⬤ 모양을 각각 몇 개씩 이용했는지 세어 보세요.

⬛ 모양: ⑤ 개

▲ 모양: ③ 개

⬤ 모양: ③ 개

✓ 개념 마무리

12 그림을 보고 빈칸에 알맞은 수를 쓰세요.

우영이는 **7** 시에 일어나서
8 시 **30** 분에 등교하였습니다.

[13~14] 같은 모양의 물건끼리 모았습니다. 물음에 답하세요.

13 자전거 바퀴는 **가**와 **나** 중에서 어느 곳에 놓아야 할까요?

(**가**)

14 수학책은 **가**와 **나** 중에서 어느 곳에 놓아야 할까요?

(**나**)

15 다음 모양을 보고 바르게 이야기 한 사람의 이름을 쓰세요.

봄이: 나무에는 ▲ 모양이 2개 있어.
준우: 배에는 ■ 모양이 없어.
연야: ● 모양은 나무보다 배에 1개 더 많아.

(**연아**)

16 같은 시각끼리 선으로 이으세요.

17 그림을 보고 계획표를 알맞게 채우세요.

독서　　　축구
2시　　　3시
30분　　30분

점심 식사
1시

점심 식사	1시
독서	2시 30분
축구	3시 30분

18 바닷속을 ■, ▲, ● 모양으로 꾸몄습니다. ● 모양은 몇 개인지 쓰세요.

● 모양: (**8**)개

19 ■ 모양과 ▲ 모양의 다른 점을 한 가지 써 보세요.

> 예 ■ 모양은 곧은 선이 4군데이고, △ 모양은 곧은 선이 3군데입니다.
> 예 ■ 모양은 뾰족한 부분이 4군데이고, △ 모양은 뾰족한 부분이 3군데입니다.

20 거울에 비친 시계가 가리키는 시각을 쓰고, 설명해 보세요.

답 **2시 30분**

> 설명
> 예 짧은바늘이 2와 3 사이에 있고, 긴바늘이 6을 가리키고 있으므로 2시 30분입니다.

---

3 모양과 시각

★ 상상력 키우기 ★

1 ■, ▲, ● 모양을 이용하여 멋진 그림을 그려 보세요.

예

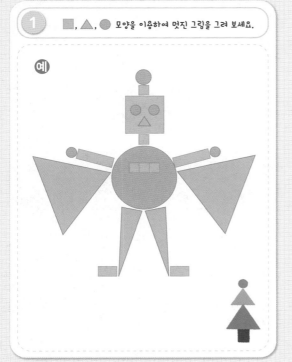

4 덧셈과 뺄셈 (2)

이 단원에서 배울 내용

(몇)+(몇)=(십몇), (십몇)−(몇)=(몇), 여러 가지 규칙이 있는 덧셈과 뺄셈

4. 덧셈과 뺄셈 (2)

1 덧셈 (1)　📖 개념 쏙쏙

$$7 + 4 = ?$$

방법① **7**에서 **4**만큼 이어 세기

7 8 9 10 11
1번, 2번, 3번, 4번!

➡ $7 + 4 = 11$

방법② **7**과 **4**를 수판에 그려서 모두 세기

수판에 7만큼을 먼저 그리고~

남은 칸에 이어서 4만큼 더 그리기!

그린 모양은 모두 11개!
그러니까,
$7 + 4 = 11$

꽉 채워지게 그리면
4가 이렇게
가르기 되는구나!

4
⟋⟍
3　1

📝 개념 익히기

정답 22쪽

💙 안의 수만큼 이어 세는 방법으로 계산해 보세요.

$9 + 5 = \boxed{14}$

9 10 11 12 13 14 15

$7 + 6 = \boxed{13}$

7 8 9 10 11 12 13

$6 + 5 = \boxed{11}$

6 7 8 9 10 11 12

$8 + 4 = \boxed{12}$

8 9 10 11 12 13 14

🔺 안의 수만큼 수판에 △를 더 그려서 계산하세요.

$8 + 7 = \boxed{15}$

$7 + 5 = \boxed{12}$

$9 + 4 = \boxed{13}$

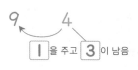

2 덧셈 (2)　📖 개념 쏙쏙

10을 만들어서
더하는 거야~

$9 + 7$

십이 1개,　일이 6개

➡ $9 + 7 = 16$

10이
만들어졌네!

1　6

📝 개념 익히기

정답 22쪽

빈칸을 채우며 두 수의 합을 구하세요.

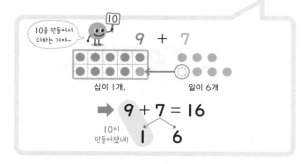

$7 + 4 = \boxed{11}$

십이 $\boxed{1}$개　일이 $\boxed{1}$개

$8 + 5 = \boxed{13}$

십이 $\boxed{1}$개　일이 $\boxed{3}$개

$6 + 6 = \boxed{12}$

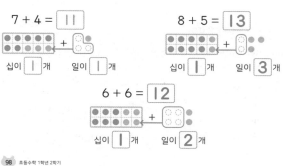

십이 $\boxed{1}$개　일이 $\boxed{2}$개

📝 개념 다지기

정답 22쪽

초록색 수가 10이 되려면, 분홍색 수에서 얼마를 주고, 얼마가 남는지 빈칸을 알맞게 채우세요.

7　5
$\boxed{3}$을 주고 $\boxed{2}$가 남음

8　3
$\boxed{2}$를 주고 $\boxed{1}$이 남음

6　7
$\boxed{4}$를 주고 $\boxed{3}$이 남음

9　3
$\boxed{1}$을 주고 $\boxed{2}$가 남음

8　6
$\boxed{2}$를 주고 $\boxed{4}$가 남음

9　4
$\boxed{1}$을 주고 $\boxed{3}$이 남음

개념 다지기

정답 23쪽

앞의 수가 10이 되도록 분홍색 수를 알맞게 가르기 하여 계산해 보세요.

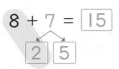

$8 + 7 = \boxed{15}$
2 5

$7 + 6 = \boxed{13}$
3 3

$9 + 2 = \boxed{11}$
1 1

$9 + 5 = \boxed{14}$
1 4

$8 + 4 = \boxed{12}$
2 2

$7 + 7 = \boxed{14}$
3 4

개념 펼치기

정답 23쪽

계산해 보세요.

$7 + 9 = \boxed{16}$
3 6

$6 + 8 = \boxed{14}$
4 4

$8 + 5 = \boxed{13}$
2 3

$9 + 4 = \boxed{13}$
1 3

$8 + 8 = \boxed{16}$
2 6

$9 + 6 = \boxed{15}$
1 5

$3 + 9 = \boxed{12}$
7 2

$8 + 9 = \boxed{17}$
2 7

3 덧셈 (3)

개념 쏙쏙

더하는 **두 수 중에 앞의 수**를 가르기 하여
뒤의 수를 10으로 만들 수 있습니다.

$6 + 8$

$6 + 8 = 14$
일이 4개,   십이 1개
4 2   10이 만들어졌네!

➡ $6 + 8 = 14$

개념 익히기

정답 23쪽

뒤의 수가 10이 되도록 앞의 수를 가르기 하여 계산해 보세요.

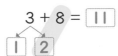

$7 + 5 = \boxed{12}$
2 5

$3 + 8 = \boxed{11}$
1 2

$4 + 9 = \boxed{13}$
3 1

개념 다지기

정답 23쪽

관계있는 것끼리 선으로 이으세요.

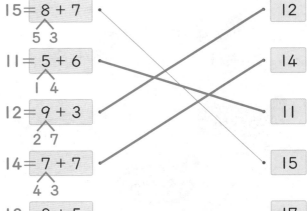

$15 = 8 + 7$
5 3

$11 = 5 + 6$
1 4

$12 = 9 + 3$
2 7

$14 = 7 + 7$
4 3

12

14

11

15

$13 = 8 + 5$
3 5

$17 = 9 + 8$
7 2

$16 = 7 + 9$
6 1

17

16

13

정답 및 해설

104

개념 펼치기

정답 24쪽

식을 세우고 물음에 답하세요.

사과 6개, 귤 7개가 냉장고에 들어있습니다. 냉장고에 있는 과일은 모두 몇 개일까요?

식 __6 + 7 = 13__   답 __13__ 개

은비는 과일 모양 지우개 5개, 동물 모양 지우개 9개를 가지고 있습니다. 은비가 가진 지우개는 모두 몇 개일까요?

식 __5+9=14__   답 __14__ 개

책꽂이에 만화책 7권, 동화책 9권이 꽂혀 있습니다. 책꽂이에 꽂혀 있는 책은 모두 몇 권일까요?

식 __7+9=16__   답 __16__ 권

정우는 금색 구슬 8개, 은색 구슬 8개를 크리스마스 트리에 장식했습니다. 정우가 장식한 구슬은 모두 몇 개일까요?

식 __8+8=16__   답 __16__ 개

$$6 + 7 = 13$$
$$4 \quad 3$$

또는

$$6 + 7 = 13$$
$$3 \quad 3$$

$$5 + 9 = 14$$
$$5 \quad 4$$

또는

$$5 + 9 = 14$$
$$4 \quad 1$$

$$7 + 9 = 16$$
$$3 \quad 6$$

또는

$$7 + 9 = 16$$
$$6 \quad 1$$

$$8 + 8 = 16$$
$$2 \quad 6$$

또는

$$8 + 8 = 16$$
$$6 \quad 2$$

105

개념 펼치기

정답 24쪽

계산한 결과가 짝수인 덧셈식에 모두 ○표 하세요.

❶ 4 + 7 = 11

❷ 5 + 8 = 13

❸ (6 + 4) = 10

❹ (3 + 9) = 12

❺ (8 + 6) = 14

❻ 5 + 6 = 11

❼ (7 + 7) = 14

❽ 8 + 9 = 17

❶ $4 + 7 = 11$ (홀수)
$1 \quad 3$

❷ $5 + 8 = 13$ (홀수)
$3 \quad 2$

❸ $6 + 4 = 10$ (짝수)

❹ $3 + 9 = 12$ (짝수)
$2 \quad 1$

❺ $8 + 6 = 14$ (짝수)
$4 \quad 4$

❻ $5 + 6 = 11$ (홀수)
$1 \quad 4$

❼ $7 + 7 = 14$ (짝수)
$4 \quad 3$

❽ $8 + 9 = 17$ (홀수)
$7 \quad 1$

＊뒤의 수를 가르기 하여 계산해도 됩니다.

4 여러 가지 덧셈　📖 개념 쏙쏙

덧셈식	알게 된 것

$7 + 3 = 10$
$7 + 4 = 11$
$7 + 5 = 12$
$7 + 6 = 13$

1씩 큰 수를 더하면 합도 1씩 커집니다.

$6 + 7 = 13$
$5 + 7 = 12$
$4 + 7 = 11$
$3 + 7 = 10$

1씩 작은 수를 더하면 합도 1씩 작아집니다.

$7 + 5 = 12$
$5 + 7 = 12$

두 수의 순서를 바꾸어 더해도 두 수의 합은 같습니다.

✏️ 개념 익히기

덧셈식을 완성하고, 괄호 안에서 알맞은 말에 ◯표 하세요.

$8 + 3 = 11$
$8 + 4 = 12$
$8 + 5 = 13$
$8 + 6 = 14$

1씩 (큰), 작은) 수를 더하면 합이 1씩 커집니다.

$8 + 8 = 16$
$8 + 7 = 15$
$8 + 6 = 14$
$8 + 5 = 13$

1씩 (큰 , 작은) 수를 더하면 합이 1씩 작아집니다.

$5 + 7 = 12$
$6 + 7 = 13$
$7 + 7 = 14$
$8 + 7 = 15$

1씩 (큰), 작은) 수를 더하면 합이 1씩 커집니다.

$7 + 6 = 13$
$7 + 5 = 12$
$7 + 4 = 11$
$7 + 3 = 10$

1씩 (큰 , 작은) 수를 더하면 합이 1씩 작아집니다.

✏️ 개념 다지기

주어진 덧셈식과 합이 같은 식을 찾아 같은 색으로 칠하세요.

$9 + 2 = 11$　　$8 + 4 = 12$　　$7 + 6 = 13$

$8+6=14$	$7+4=11$	$5+9=14$	$4+8=12$	$6+8=14$
$3+8=11$	$8+8=16$	$6+7=13$	$2+9=11$	$9+4=13$
$7+8=15$	$6+5=11$	$7+7=14$	$5+8=13$	$8+3=11$
$9+6=15$	$3+9=12$	$7+5=12$	$4+9=13$	$9+5=14$
$8+5=13$	$4+7=11$	$9+6=15$	$6+6=12$	$5+7=12$

정답 및 해설 25

*가장 큰 수와 둘째로 큰 수를 더하면 합이 가장 큽니다.
가장 작은 수와 둘째로 작은 수를 더하면 합이 가장 작습니다.

1

주어진 수를 크기 순서대로 놓으면 ⑧ ⑦ ⑥ ④

합이 가장 큰 식	합이 가장 작은 식
8 + 7 = 15	4 + 6 = 10

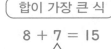
2   5

2

주어진 수를 크기 순서대로 놓으면 ⑨ ⑧ ⑥ ⑤

합이 가장 큰 식	합이 가장 작은 식
9 + 8 = 17	5 + 6 = 11

1   7   5   1

3

주어진 수를 크기 순서대로 놓으면 ⑨ ⑦ ⑤ ③

합이 가장 큰 식	합이 가장 작은 식
9 + 7 = 16	3 + 5 = 8

1   6

109

✏ 개념 펼치기

정답 26쪽

상자에 담긴 공을 2개 꺼내어 적힌 두 수로 덧셈식을 만들려고 합니다. 합이 가장 큰 덧셈식과 가장 작은 덧셈식을 쓰세요.

1 (8 6 / 4 7)
합이 가장 큰 식   8 + 7 = 15
합이 가장 작은 식   4 + 6 = 10

2 (8 5 / 6 9)
합이 가장 큰 식   9 + 8 = 17
합이 가장 작은 식   5 + 6 = 11

3 (9 5 / 3 7)
합이 가장 큰 식   9 + 7 = 16
합이 가장 작은 식   3 + 5 = 8

4 (7 6 / 5 8)
합이 가장 큰 식   8 + 7 = 15
합이 가장 작은 식   5 + 6 = 11

*더하는 두 수의 순서를 바꿔 써도 정답입니다.

4. 덧셈과 뺄셈 (2) 109

4

주어진 수를 크기 순서대로 놓으면 ⑧ ⑦ ⑥ ⑤

합이 가장 큰 식	합이 가장 작은 식
8 + 7 = 15	5 + 6 = 11

2   5   5   1

5 뺄셈 (1) 📖 **개념 쏙쏙**

귤 12개 중에서 5개를 먹으면 몇 개가 남을까?

방법 ① 12에서 5만큼 거꾸로 세기

··· 6 7 8 9 10 11 12 ➡ 12 − 5 = 7

방법 ② 12에서 5만큼 지우기

➡ 남은 연결 모형이 7개니까, 12 − 5 = 7

낱개부터 지우기!

빨간 사과는 초록 사과보다 몇 개 더 많을까?

빨간 사과 12개   초록 사과 5개

방법 ③ 하나씩 짝 지어 비교하기

12개

5개

차

7개만큼 차이가 나요.

➡ 12 − 5 = 7

✏️ **개념 익히기**

거꾸로 세어서 뺄셈을 하세요.

5 6 7 8 9 10 11 12 13 14 15 16

14 − 5 = 9   12 − 6 = 6   15 − 7 = 8

✏️ **개념 익히기**

정답 27쪽

그림을 보고, 어느 것이 몇 개 더 많은지 쓰세요.

초콜릿	
사탕	

➡ (초콜릿)이 (5)개 더 많습니다.

비스킷	
마카롱	

➡ (비스킷)이 (4)개 더 많습니다.

✏️ **개념 다지기**

정답 27쪽

연결 모형을 사용한 만큼 낱개부터 /표로 지우고, 뺄셈식을 완성하세요.

이 중에 8개를 사용했어!

➡ 13 − 8 = 5

이 중에 4개를 사용했어!

➡ 12 − 4 = 8

이 중에 7개를 사용했어!

➡ 15 − 7 = 8

이 중에 4개를 사용했어!

➡ 11 − 4 = 7

✏️ **개념 펼치기**

정답 27쪽

그림과 어울리는 뺄셈식을 쓰세요.

➡ 11 − 3 = 8

➡ 12 − 8 = 4

➡ 13 − 6 = 7

➡ 11 − 9 = 2

➡ 14 − 7 = 7

➡ 13 − 5 = 8

정답 및 해설

114 115

6 뺄셈 (2) 📖 개념 쏙쏙

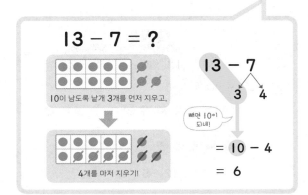

13 - 7 = ?

빼면 10이 되네!

= 10 - 4
= 6

✏️ 개념 익히기

정답 28쪽

10이 남도록 /표로 지우고, 빈칸을 알맞게 채우세요.

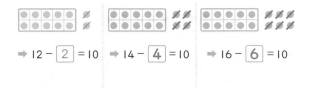

➡ 12 - [2] =10   ➡ 14 - [4] =10   ➡ 16 - [6] =10

✏️ 개념 다지기

정답 28쪽

빈칸을 채우며 계산해 보세요.

15 - 7 = ?

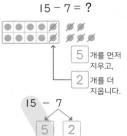

[5] 개를 먼저 지우고,
[2] 개를 더 지웁니다.

15 - 7 → [5] [2]
➡ 10 - [2] = 8

13 - 8 = ?

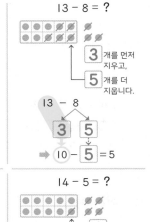

[3] 개를 먼저 지우고,
[5] 개를 더 지웁니다.

13 - 8 → [3] [5]
➡ 10 - [5] = 5

16 - 8 = ?

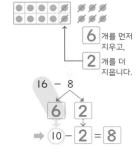

[6] 개를 먼저 지우고,
[2] 개를 더 지웁니다.

16 - 8 → [6] [2]
➡ 10 - [2] = [8]

14 - 5 = ?

[4] 개를 먼저 지우고,
[1] 개를 더 지웁니다.

14 - 5 → [4] [1]
➡ 10 - [1] = [9]

116 117

7 뺄셈 (3) 📖 개념 쏙쏙

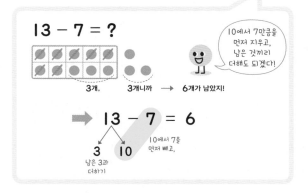

13 - 7 = ?

10에서 7만큼을 먼저 지우고, 남은 것끼리 더해도 되겠다!

3개.   3개니까 → 6개가 남았지!

➡ 13 - 7 = 6
    3 10
남은 3과 더하기   10에서 7을 먼저 빼고,

✏️ 개념 익히기

정답 28쪽

초록색 상자 안의 ●부터 /표로 알맞게 지우면서 계산해 보세요.

12 - 7 = [5]   15 - 8 = [7]   13 - 4 = [9]

    ↓   ↓   ↓   ↓   ↓   ↓
   [3] [2]   [2]   [5]   [6]   [3]

✏️ 개념 다지기

정답 28쪽

10에서 빼는 수만큼을 묶어 화살표로 빼면서 계산해 보세요.

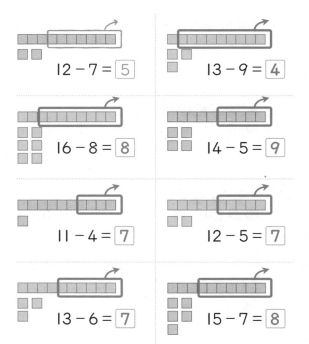

12 - 7 = [5]   13 - 9 = [4]

16 - 8 = [8]   14 - 5 = [9]

11 - 4 = [7]   12 - 5 = [7]

13 - 6 = [7]   15 - 7 = [8]

개념 다지기

정답 29쪽

앞의 수를 어떤 수와 10으로 가르기 하여 계산하세요.

$11 - 8 = \boxed{3}$
1 $\boxed{10}$ ---> 빼면 2

$16 - 8 = \boxed{8}$
6 $\boxed{10}$ ---> 빼면 2

$14 - 6 = \boxed{8}$
$\boxed{4}$ 10 ---> 빼면 4

$12 - 3 = \boxed{9}$
$\boxed{2}$ 10 ---> 빼면 7

$12 - 7 = \boxed{5}$
$\boxed{2}$ $\boxed{10}$ ---> 빼면 3

$13 - 5 = \boxed{8}$
$\boxed{3}$ $\boxed{10}$ ---> 빼면 5

$15 - 8 = \boxed{7}$
$\boxed{5}$ $\boxed{10}$ ---> 빼면 2

$11 - 7 = \boxed{4}$
$\boxed{1}$ $\boxed{10}$ ---> 빼면 3

개념 펼치기

정답 29쪽

관계있는 것끼리 선으로 이으세요.

$4 = \boxed{12 - 8}$
2 10 ────────── 4

$8 = \boxed{11 - 3}$
1 10 ──── 6

$6 = \boxed{15 - 9}$
5 10 ──── 8

$3 = \boxed{12 - 9}$
2 10 ──── 5

$5 = \boxed{14 - 9}$
4 10 ──── 9

$7 = \boxed{13 - 6}$
3 10 ──── 3

$9 = \boxed{18 - 9}$
8 10 ──── 7

개념 펼치기

식을 세우고 물음에 답하세요.

주차장에 자동차가 13대 있습니다. 그중에서 5대가 나 갔다면, 남아있는 자동차는 모두 몇 대일까요?

식 $13 - 5 = 8$ 답 8 대

$13 - 5 = 8$
3 2   또는 $13 - 5 = 8$
3 10

주머니에 선물 상자가 17개 들어있습니다. 그중에서 9개 를 꺼내 나누어 주었다면, 주머니에 남아있는 선물 상자 는 몇 개일까요?

식 $17 - 9 = 8$ 답 8 개

$17 - 9 = 8$
7 2   또는 $17 - 9 = 8$
7 10

태은이는 줄넘기를 15번 넘었고, 소담이는 8번 넘었습 니다. 태은이는 소담이보다 줄넘기를 몇 번 더 많이 넘었 을까요?

식 $15 - 8 = 7$ 답 7 번

$15 - 8 = 7$
5 3   또는 $15 - 8 = 7$
5 10

상자에 초콜릿이 12개 들어있습니다. 그중에서 6개를 먹었다면, 상자에 남아있는 초콜릿은 몇 개일까요?

식 $12 - 6 = 6$ 답 6 개

$12 - 6 = 6$
2 4   또는 $12 - 6 = 6$
2 10

정답 및 해설 **29**

121

정답 29~30쪽

손가락 10개 중에서 3개에 봉숭아 물을 들였습니다. 봉숭아 물을 들이지 않은 손가락은 몇 개일까요?

식 $10-3=7$ 답 7 개

정원에 빨간 장미가 7송이, 흰 장미가 4송이 피어 있습니다. 정원에 피어 있는 장미는 모두 몇 송이일까요?

식 $7+4=11$ 답 11 송이

$$7+4=11$$
$$\bigwedge$$
$$3 \quad 1$$
또는
$$7+4=11$$
$$\bigwedge$$
$$1 \quad 6$$

민기는 산타 그림 엽서 8장, 루돌프 그림 엽서 9장을 받았습니다. 민기가 받은 엽서는 모두 몇 장일까요?

식 $8+9=17$ 답 17 장

$$8+9=17$$
$$\bigwedge$$
$$2 \quad 7$$
또는
$$8+9=17$$
$$\bigwedge$$
$$7 \quad 1$$

진호는 로봇 카드를 14장 가지고 있습니다. 그중에서 5장을 친구에게 주었다면, 진호에게 남은 카드는 몇 장일까요?

식 $14-5=9$ 답 9 장

$$14-5=9$$
$$\bigwedge$$
$$4 \quad 1$$
또는
$$14-5=9$$
$$\bigwedge$$
$$4 \quad 10$$

122 123

8 여러 가지 뺄셈   📖 개념 쏙쏙   ✏️ 개념 익히기

정답 30쪽

뺄셈식	알게 된 것
$12-5=7$ $12-6=6$ $12-7=5$ $12-8=4$	1씩 큰 수를 빼면 차는 1씩 작아집니다.
$11-5=6$ $12-5=7$ $13-5=8$ $14-5=9$	앞의 수가 1씩 커지면 차는 1씩 커집니다.
$12-6=6$ $13-7=6$ $14-8=6$ $15-9=6$	두 수가 각각 1씩 커지면 차는 같습니다.

뺄셈식을 완성하고, 괄호 안에서 알맞은 말에 ○표 하세요.

$13-4=9$
$13-\boxed{5}=8$
$13-\boxed{6}=7$
$13-\boxed{7}=6$

1씩 (큰, 작은) 수를 빼면 차가 1씩 작아집니다.
※ '큰'에 ○표

$11-5=6$
$\boxed{12}-5=7$
$\boxed{13}-5=8$
$\boxed{14}-5=9$

앞의 수가 1씩 (커, 작아) 지면 차가 1씩 커집니다.
※ '커'에 ○표

$12-4=8$
$\boxed{11}-4=7$
$\boxed{10}-4=6$
$\boxed{9}-4=5$

앞의 수가 1씩 (커, 작아) 지면 차가 1씩 작아집니다.
※ '작아'에 ○표

$14-7=7$
$14-\boxed{6}=8$
$14-\boxed{5}=9$
$14-\boxed{4}=10$

1씩 (큰, 작은) 수를 빼면 차가 1씩 커집니다.
※ '작은'에 ○표

*두 수가 똑같이 커지거나 작아지면
 차가 같습니다.

① 12 − 5 = 7

1만큼   1만큼
커짐   커짐
↓   ↓
13 − 6 = 7

② 14 − 8 = 6

1만큼   1만큼
커짐   커짐
↓   ↓
15 − 9 = 6

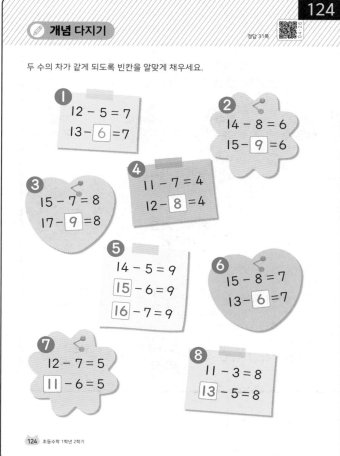

124

✏️ **개념 다지기**

정답 31쪽

두 수의 차가 같게 되도록 빈칸을 알맞게 채우세요.

① 12 − 5 = 7
13 − 6 = 7

② 14 − 8 = 6
15 − 9 = 6

④ 11 − 7 = 4
12 − 8 = 4

③ 15 − 7 = 8
17 − 9 = 8

⑤ 14 − 5 = 9
15 − 6 = 9
16 − 7 = 9

⑥ 15 − 8 = 7
13 − 6 = 7

⑦ 12 − 7 = 5
11 − 6 = 5

⑧ 11 − 3 = 8
13 − 5 = 8

124 초등수학 1학년 2학기

③ 15 − 7 = 8

2만큼   2만큼
커짐   커짐
↓   ↓
17 − 9 = 8

④ 11 − 7 = 4

1만큼   1만큼
커짐   커짐
↓   ↓
12 − 8 = 4

⑤ 14 − 5 = 9

1만큼   1만큼
커짐   커짐
↓   ↓
15 − 6 = 9

1만큼   1만큼
커짐   커짐
↓   ↓
16 − 7 = 9

⑥ 15 − 8 = 7

2만큼   2만큼
작아짐 작아짐
↓   ↓
13 − 6 = 7

⑦ 12 − 7 = 5

1만큼   1만큼
작아짐 작아짐
↓   ↓
11 − 6 = 5

⑧ 11 − 3 = 8

2만큼   2만큼
커짐   커짐
↓   ↓
13 − 5 = 8

4. 덧셈과 뺄셈 (2)

수 카드 4장을 크기 순서대로 놓고, 색이 다른 수 카드 2장으로 뺄셈식을 만들 때

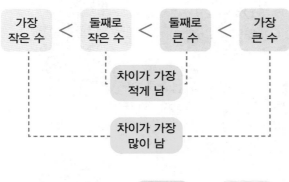

| 가장 작은 수 | < | 둘째로 작은 수 | < | 둘째로 큰 수 | < | 가장 큰 수 |

차이가 가장 적게 남

차이가 가장 많이 남

차가 가장 큰 식: 가장 큰 수 ― 가장 작은 수

차가 가장 작은 식: 둘째로 큰 수 ― 둘째로 작은 수

✏ **개념 펼치기**

정답 32쪽

색이 다른 수 카드를 한 장씩 골라 뺄셈식을 만들 때, 차가 가장 큰 뺄셈식과 차가 가장 작은 뺄셈식을 나타내 보세요.

1 [11] [15] [7] [6]
차가 가장 큰 식 $15 - 6 = \boxed{9}$
차가 가장 작은 식 $11 - 7 = \boxed{4}$

2 [13] [14] [7] [8]
차가 가장 큰 식 $14 - 7 = \boxed{7}$
차가 가장 작은 식 $13 - 8 = \boxed{5}$

3 [17] [12] [9] [8]
차가 가장 큰 식 $17 - 8 = \boxed{9}$
차가 가장 작은 식 $12 - 9 = \boxed{3}$

4 [14] [12] [6] [7]
차가 가장 큰 식 $14 - 6 = \boxed{8}$
차가 가장 작은 식 $12 - 7 = \boxed{5}$

4. 덧셈과 뺄셈 (2) 125

---

1 주어진 수 카드를 크기 순서대로 놓으면

$6 < 7 < 11 < 15$

→ 차가 가장 큰 식: $15 - 6 = 9$
5 1

→ 차가 가장 작은 식: $11 - 7 = 4$
1 6

2 주어진 수 카드를 크기 순서대로 놓으면

$7 < 8 < 13 < 14$

→ 차가 가장 큰 식: $14 - 7 = 7$
4 3

→ 차가 가장 작은 식: $13 - 8 = 5$
3 5

3 주어진 수 카드를 크기 순서대로 놓으면

$8 < 9 < 12 < 17$

→ 차가 가장 큰 식: $17 - 8 = 9$
7 1

→ 차가 가장 작은 식: $12 - 9 = 3$
2 7

4 주어진 수 카드를 크기 순서대로 놓으면

$6 < 7 < 12 < 14$

→ 차가 가장 큰 식: $14 - 6 = 8$
4 2

→ 차가 가장 작은 식: $12 - 7 = 5$
2 5

개념 펼치기

정답 33쪽

뺄셈식의 규칙을 찾아 빈칸을 알맞게 채우세요.

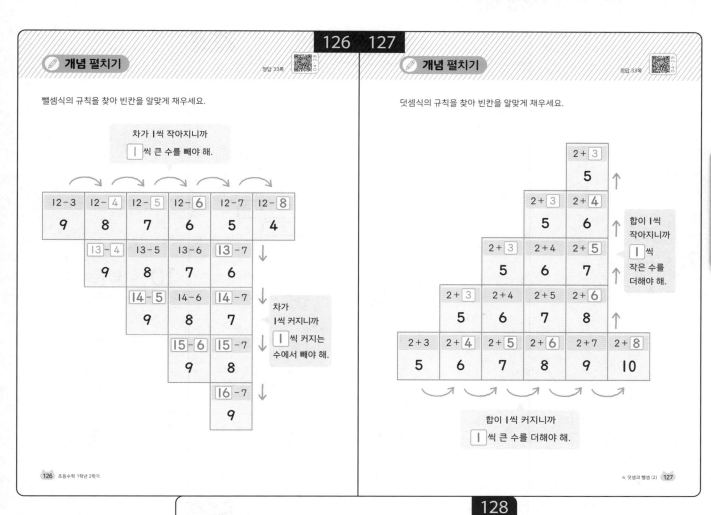

차가 1씩 작아지니까
1 씩 큰 수를 빼야 해.

| 12 − 3 | 12 − 4 | 12 − 5 | 12 − 6 | 12 − 7 | 12 − 8 |
| 9 | 8 | 7 | 6 | 5 | 4 |

| | 13 − 4 | 13 − 5 | 13 − 6 | 13 − 7 | |
| | 9 | 8 | 7 | 6 | |

| | | 14 − 5 | 14 − 6 | 14 − 7 | |
| | | 9 | 8 | 7 | |

차가 1씩 커지니까
1 씩 커지는 수에서 빼야 해.

| | | | 15 − 6 | 15 − 7 | |
| | | | 9 | 8 | |

| | | | | 16 − 7 | |
| | | | | 9 | |

개념 펼치기

정답 33쪽

덧셈식의 규칙을 찾아 빈칸을 알맞게 채우세요.

| | | | 2 + 3 |
| | | | 5 |

| | | 2 + 3 | 2 + 4 |
| | | 5 | 6 |

합이 1씩 작아지니까
1 씩 작은 수를 더해야 해.

| | 2 + 3 | 2 + 4 | 2 + 5 |
| | 5 | 6 | 7 |

| 2 + 3 | 2 + 4 | 2 + 5 | 2 + 6 |
| 5 | 6 | 7 | 8 |

| 2 + 3 | 2 + 4 | 2 + 5 | 2 + 6 | 2 + 7 | 2 + 8 |
| 5 | 6 | 7 | 8 | 9 | 10 |

합이 1씩 커지니까
1 씩 큰 수를 더해야 해.

개념 마무리

1 10이 되도록 수판을 채울 때, 남은 ♥를 그리고, 덧셈을 해 보세요.

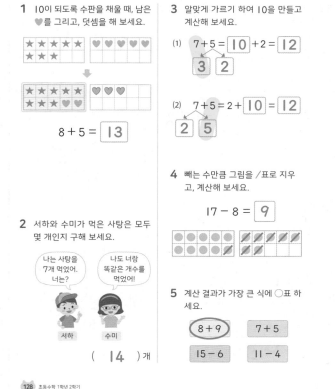

8 + 5 = 13

2 서하와 수미가 먹은 사탕은 모두 몇 개인지 구해 보세요.

나는 사탕을 7개 먹었어. 너는?

나도 너랑 똑같은 개수를 먹었어!

서하　수미

(14) 개

3 알맞게 가르기 하여 10을 만들고 계산해 보세요.

(1) 7 + 5 = 10 + 2 = 12
　　3　2

(2) 7 + 5 = 2 + 10 = 12
　　2　5

4 빼는 수만큼 그림을 /표로 지우고, 계산해 보세요.

17 − 8 = 9

5 계산 결과가 가장 큰 식에 ◯표 하세요.

(8 + 9)　　7 + 5

15 − 6　　11 − 4

2

7 + 7 = 14
　　3　4

4

또는

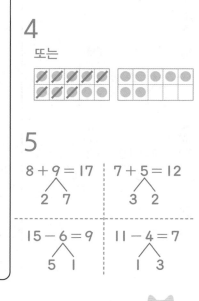

5

8 + 9 = 17
　　2　7

7 + 5 = 12
　　3　2

15 − 6 = 9
　　5　1

11 − 4 = 7
　　1　3

정답 및 해설

129

정답 33~34쪽

6 빈칸을 알맞게 채우세요.

(1) $12 - 4 = \boxed{8}$

$\boxed{2}\quad 2$

(2) $16 - 9 = \boxed{7}$

$\boxed{6}\quad 10$

7 정석이는 고리 던지기를 하여 첫 번째 시도에서 6개, 두 번째 시도에서 8개를 성공하였습니다. 정석이가 성공시킨 고리는 모두 몇 개일까요?

(14)개

8 계산 결과의 크기를 비교하여 ○ 안에 >, <를 알맞게 쓰세요.

$14 - 9 \; \bigg(>\bigg) \; 12 - 8$
$\;\; = 5 \qquad\qquad = 4$

9 가로로 뺄셈식이 되는 세 수를 모두 찾아 $\boxed{} - \boxed{} = \boxed{}$ 모양으로 표시하세요.

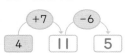

17	8	12 − 3 = 9
3	4	8 11 1
9	2	13 − 6 = 7
4	14 − 9 = 5	6
15 − 7 = 8	0	7

10 빈칸에 알맞은 수를 쓰세요.

$4 \xrightarrow{+7} \boxed{11} \xrightarrow{-6} \boxed{5}$

11 은서는 붙임딱지를 11장 붙였고, 지원이는 붙임딱지를 9장 붙였습니다. 누가 붙임딱지를 몇 장 더 붙였을까요?

➡ (은서)가 (2)장 더 붙였습니다.

4. 덧셈과 뺄셈 (2) **129**

---

7 $6 + 8 = 14$
$\qquad 4\quad 4$

8 $14 - 9 = 5$
$\qquad 4\quad 5$

$12 - 8 = 4$
$\qquad 2\quad 6$

12 $5 + 9 = 14$
$\qquad 5\quad 4$

→ 합이 14인 덧셈식을 고르면 됩니다.

13

❶ $13 - 7 = 6$
$\qquad 3\quad 4$

❸ $13 - 3 = 10$

❺ $13 - 9 = 4$
$\qquad 3\quad 6$

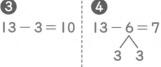

❷ $13 - 8 = 5$
$\qquad 3\quad 5$

❹ $13 - 6 = 7$
$\qquad 3\quad 3$

130

✅ 개념 마무리

12 5+9와 합이 같은 덧셈식을 모두 찾아 쓰세요.

3+4	3+5	3+6	3+7	3+8
7	8	9	10	11
4+4	4+5	4+6	4+7	4+8
8	9	10	11	12
5+4	5+5	5+6	5+7	5+8
9	10	11	12	13
6+4	6+5	6+6	6+7	(6+8)
10	11	12	13	14
7+4	7+5	7+6	(7+7)	7+8
11	12	13	14	15

(6+8, 7+7)

13 같은 색 칸에 적힌 두 수를 더해서 13이 되도록 빈칸에 알맞은 수를 쓰세요.

14 빈칸을 알맞게 채우세요.

$13 - 8 = 11 - \boxed{6}$

15 차가 7인 뺄셈식을 모두 찾아 ○표 하세요.

$17 - 9$ ⬭($13 - 6$) $12 - 8$
$\;= 8 \qquad = 7 \qquad = 4$

$11 - 9$ ⬭($15 - 8$)
$\;= 2 \qquad\quad = 7$

16 빈칸을 알맞게 채우세요.

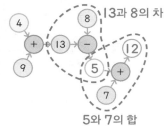

5와 7의 합

130 초등수학 1학년 2학기

---

14 차가 같으려면

$13 - 8 = 5$

2만큼 작아짐 ⟶ 2만큼 작아져야 함

$11 - \boxed{6} = 5$

10 $4 + 7 = 11$
$\qquad 6\quad 1$

$11 - 6 = 5$
$\qquad 1\quad 5$

11 $11 - 9 = 2$
$\qquad 1\quad 8$

15 $17 - 9 = 8 \qquad 13 - 6 = 7$
$\quad\; 7\quad 2 \qquad\qquad 3\quad 3$

$12 - 8 = 4 \qquad 11 - 9 = 2$
$\quad\; 2\quad 6 \qquad\qquad 1\quad 8$

$15 - 8 = 7$
$\quad\; 5\quad 3$

16 $13 - 8 = 5$
$\qquad 3\quad 5$

$5 + 7 = 12$
$\qquad 5\quad 2$

[17~18] 물음에 답하세요.

13-4	13-5	13-6	13-7	13-8	13-9
9	8	7	6	5	4

14-5	14-6	14-7	14-8	14-9
9	8	7	6	5

15-6	15-7		15-9
9	8		6

16-7	16-8	16-9
9	8	7

17 빈칸에 들어갈 알맞은 뺄셈식을 쓰고, 차를 구하세요.

식   15−8

차   7

18 ◻ 안의 규칙을 설명하고 있습니다. 설명을 완성하세요.

➡ 방향으로 갈수록

빼는 수는 ◻1◻ 씩 (커지고, 작아지고)

차는 ◻1◻ 씩 (커집니다. 작아집니다.)

서술형
19 미주는 감 8개를 가지고 있고, 주영이는 감을 미주보다 3개 적게 가지고 있습니다. 미주와 주영이가 가지고 있는 감이 모두 몇 개인지 풀이 과정을 쓰고, 답을 구하세요.

풀이 **예** 주영이가 가진 감은 8−3=5(개)입니다. 따라서 두 사람이 가진 감의 수는 모두 8+5=13(개)입니다.

답   13   개

서술형
20 보기 와 같이 덧셈식을 보고 알게 된 점을 한 가지 써 보세요.

보기
3 + 7 = 10 4 + 7 = 11 5 + 7 = 12 6 + 7 = 13 7 + 7 = 14	더하는 수가 1씩 커지면 합도 1씩 커집니다.

9 + 7 = 16 9 + 6 = 15 9 + 5 = 14 9 + 4 = 13 9 + 3 = 12	알게 된 점: **예** 더하는 수가 1씩 작아지면 합도 1씩 작아집니다.

4. 덧셈과 뺄셈 (2) **131**

---

17 ◻┈┈◻ 부분의 뺄셈식에서 앞의 수는 15로 같고, 뒤의 수는 1씩 커지므로 빈칸에 알맞은 식은 15−8입니다.

차는 1씩 작아지므로 빈칸에 들어갈 차는 7 입니다.

15−8=7
   / \
  5   3

19 8+5=13
    / \
   2   3

---

4 덧셈과 뺄셈 (2)

✦ 상상력 키우기 ✦

1 합이 내 나이가 되는 덧셈식을 자유롭게 만들어 보세요.

예 1 + 4 + 2 = 7

2 차가 내 나이가 되는 뺄셈식을 자유롭게 만들어 보세요.

예 12 − 5 = 7

---

5 규칙 찾기

이 단원에서 배울 내용

• 여러 가지 규칙 찾기

1 규칙 찾기   **4** 수 배열표에서 규칙 찾기

2 규칙 만들기   **5** 규칙을 간단하게 나타내기

3 수 배열에서 규칙 찾기

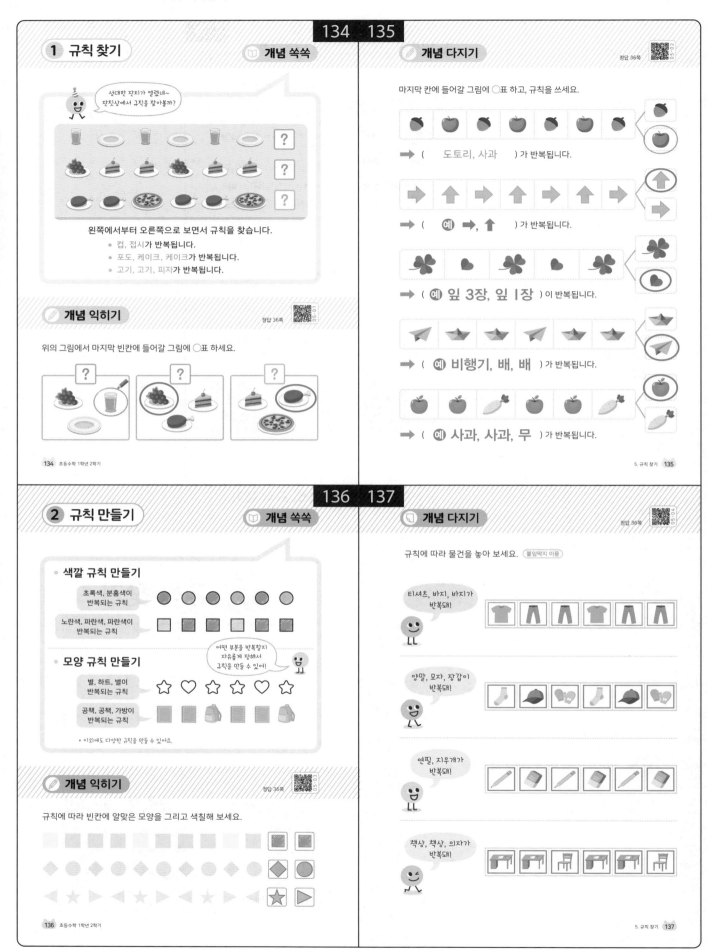

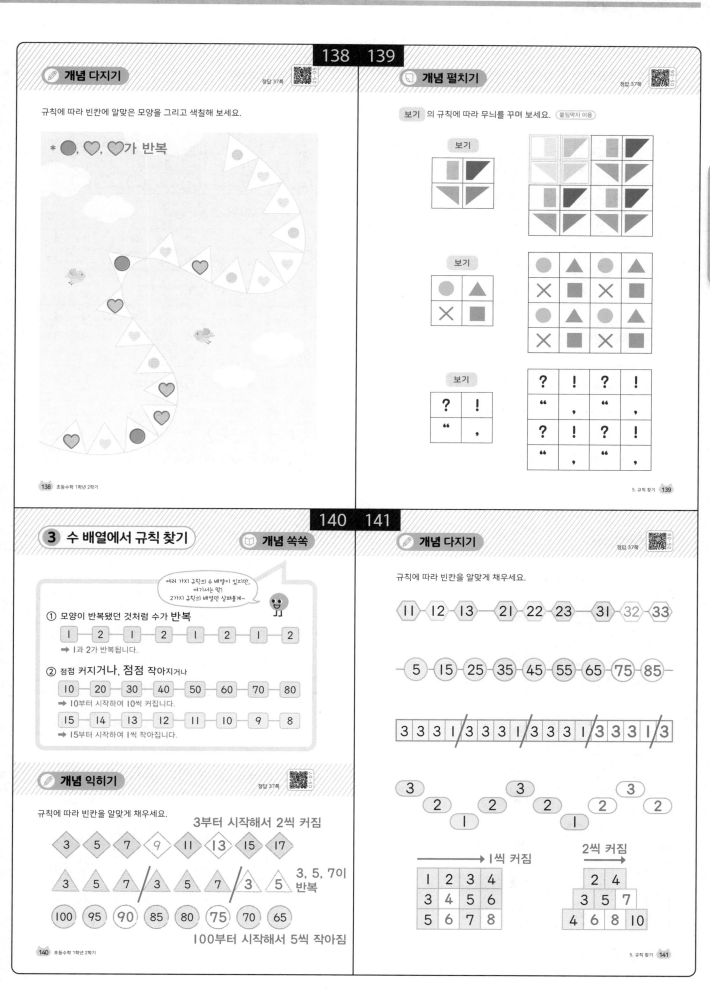

개념 다지기

정답 37쪽

규칙에 따라 빈칸에 알맞은 모양을 그리고 색칠해 보세요.

* ●, ♡, ♡가 반복

138 초등수학 1학년 2학기

개념 펼치기

정답 37쪽

보기 의 규칙에 따라 무늬를 꾸며 보세요. (붙임딱지 이용)

보기

보기

보기

5. 규칙 찾기 139

3 수 배열에서 규칙 찾기

개념 쏙쏙

여러 가지 규칙의 수 배열이 있지만,
여기서는 딱!
2가지 규칙의 배열만 살펴볼게~

① 모양이 반복됐던 것처럼 수가 반복

| 1 | 2 | 1 | 2 | 1 | 2 | 1 | 2 |

➡ 1과 2가 반복됩니다.

② 점점 커지거나, 점점 작아지거나

| 10 | 20 | 30 | 40 | 50 | 60 | 70 | 80 |

➡ 10부터 시작하여 10씩 커집니다.

| 15 | 14 | 13 | 12 | 11 | 10 | 9 | 8 |

➡ 15부터 시작하여 1씩 작아집니다.

개념 익히기

정답 37쪽

규칙에 따라 빈칸을 알맞게 채우세요.

3부터 시작해서 2씩 커짐

| 3 | 5 | 7 | 9 | 11 | 13 | 15 | 17 |

3, 5, 7이 반복

| 3 | 5 | 7 | 3 | 5 | 7 | 3 | 5 |

100부터 시작해서 5씩 작아짐

| 100 | 95 | 90 | 85 | 80 | 75 | 70 | 65 |

140 초등수학 1학년 2학기

개념 다지기

정답 37쪽

규칙에 따라 빈칸을 알맞게 채우세요.

11 - 12 - 13 - 21 - 22 - 23 - 31 - 32 - 33

5 - 15 - 25 - 35 - 45 - 55 - 65 - 75 - 85

| 3 3 3 1 | 3 3 3 1 | 3 3 3 1 | 3 3 3 1 | 3 |

3   3   3
2   2   2   2   2
  1   1

→ 1씩 커짐

1	2	3	4
3	4	5	6
5	6	7	8

2씩 커짐 →

2	4
3	5	7
4	6	8	10

5. 규칙 찾기 141

정답 및 해설 37

142 143

④ 수 배열표에서 규칙 찾기

개념 쏙쏙

1	2	3	4	5	6	7	8	9	10
11	12	13	14	15	16	17	18	19	20
21	22	23	24	25	26	27	28	29	30
31	32	33	34	35	36	37	38	39	40
41	42	43	44	45	46	47	48	49	50
51	52	53	54	55	56	57	58	59	60
61	62	63	64	65	66	67	68	69	70
71	72	73	74	75	76	77	78	79	80
81	82	83	84	85	86	87	88	89	90
91	92	93	94	95	96	97	98	99	100

11부터 시작하여 오른쪽으로 1칸 갈 때마다 1씩 커집니다.

3부터 시작하여 아래쪽으로 1칸 갈 때마다 10씩 커집니다.

개념 익히기

위의 수 배열표를 보고 물음에 답하세요.

▯에 있는 수의 규칙을 완성하세요.

➡ **5** 부터 시작하여 아래쪽으로 1칸 갈 때마다 **10** 씩 커집니다.

▭에 있는 수의 규칙을 완성하세요.

➡ 51부터 시작하여 (**오른**)쪽으로 1칸 갈 때마다 **1** 씩 커집니다.

개념 다지기

규칙에 따라 ◯표 하고, ◯표 한 수의 규칙을 완성하세요.

㉑	22	㉓	24	㉕	26	㉗	28	㉙	30
㉛	32	㉝	34	㉟	36	㊲	38	㊳	40
㊶	42	㊸	44	㊺	46	㊼	48	㊾	50

➡ 21부터 시작하여 **2** 씩 커집니다.

33	34	35	36	㊲	38	39	40	㊶	42
43	44	㊺	46	47	48	㊾	50	51	52

➡ **33** 부터 시작하여 **4** 씩 커집니다.

㉚	29	28	27	26	㉕	24	23	22	21
⑳	19	18	17	16	⑮	14	13	12	11
⑩	9	8	7	6	⑤	4	3	2	1

➡ **30** 부터 시작하여 **5** 씩 작아집니다.

90	㉘⑨	88	87	㊆⑥	85	84	㊆③	82	81
㊆⓪	79	78	㊆⑦	76	75	㊆④	73	72	㊆①

➡ **89** 부터 시작하여 **3** 씩 작아집니다.

144 145

개념 펼치기

수 배열표를 완성하고, 색칠한 곳에 적힌 수에 대하여 바르게 설명한 사람에 ◯표 하세요.

1부터 시작해서 3씩 커짐

1	2	3	4	5
6	7	8	9	10
11	12	13	14	15

- 1부터 시작해서 4씩 커지고 있어. (　)
- 1부터 시작해서 3씩 커지고 있어. (◯)
- 전부 홀수야. (　)

3부터 시작해서 6씩 커짐

3	6	9	12	15
18	21	24	27	30
33	36	39	42	45

- 3부터 시작해서 5씩 커지고 있어. (　)
- 3부터 시작해서 8씩 커지고 있어. (　)
- 전부 홀수야. (◯)

20부터 시작해서 5씩 작아짐

20	19	18	17	16
15	14	13	12	11
10	9	8	7	6
5	4	3	2	1

- 20부터 시작해서 4씩 커지고 있어. (　)
- 20부터 시작해서 5씩 작아지고 있어. (◯)
- 전부 짝수야. (　)

개념 펼치기

규칙을 찾아 알맞은 수를 각각 구하세요.

1부터 시작해서 2씩 커짐

1	3	5	7	9
11	13	15	17	19
21	23	25	27	29
31	33	35	37	39

●:(15)　▲:(31)

5부터 시작해서 1씩 커짐

5	6	7	8	9
10	11	12	13	14
15	16	17	18	19
20	21	22	23	24

★:(11)　■:(18)

40부터 시작해서 2씩 작아짐

40	38	36	34	32
30	28	26	24	22
20	18	16	14	12
10	8	6	4	2

◆:(24)　▼:(6)

5부터 시작해서 5씩 커짐

5	10	15	20	25
30	35	40	45	50
55	60	65	70	75
80	85	90	95	100

◯:(60)　♥:(95)

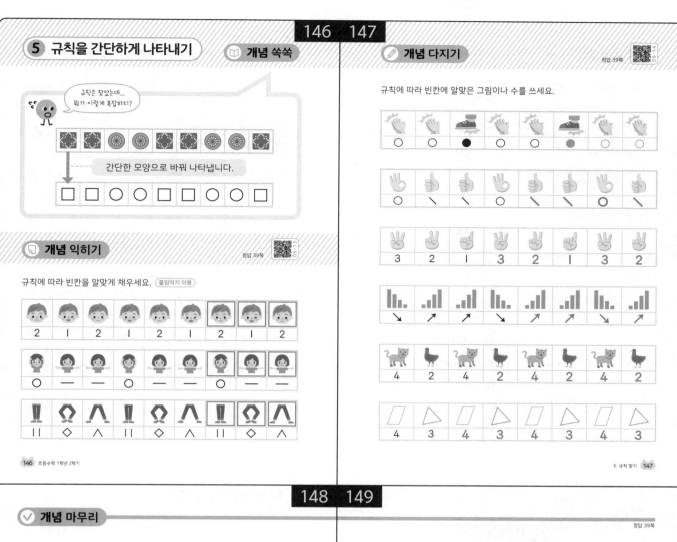

5 규칙을 간단하게 나타내기 📖 개념 쏙쏙

규칙은 찾았는데...
뭔가 이렇게 복잡하지?

간단한 모양으로 바꿔 나타냅니다.

□ □ ○ ○ □ □ ○ ○ □

🖐 개념 익히기

정답 39쪽

규칙에 따라 빈칸을 알맞게 채우세요. (붙임딱지 이용)

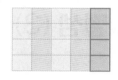

| 2 | 1 | 2 | 1 | 2 | 1 | 2 | 1 | 2 |

| ○ | | ○ | | ○ | | ○ | | ○ |

| Ⅱ | ◇ | ∧ | Ⅱ | ◇ | ∧ | Ⅱ | ◇ | ∧ |

✏ 개념 다지기

정답 39쪽

규칙에 따라 빈칸에 알맞은 그림이나 수를 쓰세요.

| ○ | ○ | ● | ○ | ○ | ● | ○ | ○ |

| ○ | ＼ | ○ | ＼ | ○ | ＼ | ○ | ＼ |

| 3 | 2 | 1 | 3 | 2 | 1 | 3 | 2 |

| ↘ | ↗ | ↗ | ↘ | ↗ | ↗ | ↘ | ↗ |

| 4 | 2 | 4 | 2 | 4 | 2 | 4 | 2 |

| 4 | 3 | 4 | 3 | 4 | 3 | 4 | 3 |

✅ 개념 마무리

정답 39쪽

1 규칙에 따라 빈칸을 알맞게 색칠 하세요.

2 규칙을 보고 바르게 말한 사람에 ○표 하세요.

100 100 500 100 100 500

민준: 100원, 100원, 500원이 반복돼.

민지: 100원 다음 500원 순서로 놓여 있어.

(○)   ( )

3 규칙에 따라 ?에 들어갈 그림은 연필과 지우개 중 무엇일까요?

(연필)

4 규칙에 따라 빈칸에 알맞은 수를 쓰세요.

7 — 17 — **27**

57 — **47** — 37

5 규칙에 따라 빈칸에 들어갈 알맞은 동작에 ○표 하세요.

( )   (○)

6 ☀ 🌙 과 같은 규칙으로 💚 ◆ 로 빈칸을 알맞게 채우세요. (붙임딱지 이용)

| ☀ | 🌙 | ☀ | 🌙 | ☀ | 🌙 |

| ◆ | 💚 | ◆ | 💚 | ◆ | 💚 |

7 규칙에 따라 빈칸을 알맞게 채우세요. (붙임딱지 이용)

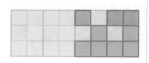

8 규칙에 따라 빈칸에 수를 쓰고, 짝수에는 노란색, 홀수에는 분홍색을 칠하세요.

25 30 35 40 **45** 50 55

25부터 시작하여 5씩 커집니다.

9 규칙에 따라 빈칸을 알맞게 색칠 하세요.

분홍색, 분홍색, 연두색이 반복

10 규칙에 따라 빈칸을 채우고 ▲ 모양이 모두 몇 개인지 쓰세요.

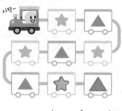

(**4**)개

11 수 배열표를 보고 표시한 부분의 규칙을 알맞게 쓰세요.

1	2	3	4	5
6	7	8	9	10
11	12	13	14	15
16	17	18	19	20
21	22	23	24	25

➡ 에 있는 수는 **1** 씩,

⬇ 에 있는 수는 **5** 씩

커집니다.

150 151

✓ 개념 마무리

정답 40쪽

[12~13] 수 배열표를 보고 물음에 답하세요.

26	27	28	29	30	**31**
32	33	34	35	36	**37**
38	39	40	41	42	43
44	45	46	47	**48**	49

12 규칙에 따라 수 배열표의 빈칸을 알맞게 채우세요.

13 화살표에 있는 수의 규칙을 찾아 빈칸을 채우세요.

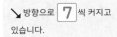

↘ 방향으로 **7** 씩 커지고 있습니다.

14 규칙에 따라 빈칸에 들어갈 펼친 손가락은 모두 몇 개일까요?

2 0 5 2 0 5 2 0

5+0=5(**5**)개

15 왼쪽과 같은 규칙에 따라 오른쪽의 빈칸을 알맞게 채우세요.

72   59
62   49
52   **39**
42   **29**
32   **19**

10씩 작아지는 규칙입니다.

16 규칙 순서대로 길을 따라 선을 그어 보세요.

가 반복되는 규칙이야!

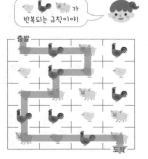

출발

도착

17 그림을 보고 바르게 말한 사람을 모두 찾아 이름을 쓰세요.

12	13	14		15	16	17
18	19	20		21	22	23
24	25	26		27	28	29

세현 → 방향으로 1씩 커지고 있어.
작아지고
민주 ↑방향으로 6씩 커지고 있어.
영지 ↙방향으로 5씩 커지고 있어.

(**세현, 영지**)

18 규칙에 따라 수를 쓸 때, **여덟째 칸**에 들어갈 수는 무엇일까요?

첫째 **51** 둘째 **15** 셋째 **61**
여섯째 **17** 다섯째 **71** 넷째 **16**
일곱째 **81** 여덟째 **18** 아홉째 **91**

(**18**)

19 규칙을 찾아 여러 가지 방법으로 나타내 보세요.

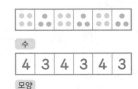

수
| 4 | 3 | 4 | 3 | 4 | 3 |

모양

예  □ △ □ △ □ △

색깔

✏ 서술형
20 주어진 모양으로 규칙을 만들어 무늬를 꾸미고, 어떤 규칙으로 꾸 몄는지 쓰세요.

예

+	△	+	△	+
△	+	△	+	△
+	△	+	△	+

규칙
예 +와 △이 반복되는 규칙입니다.

152 153 6. 덧셈과 뺄셈 (3)

5 규칙 찾기

✦ 상상력 키우기 ✦

마법의 양탄자를 규칙에 맞게 색칠해 보세요.

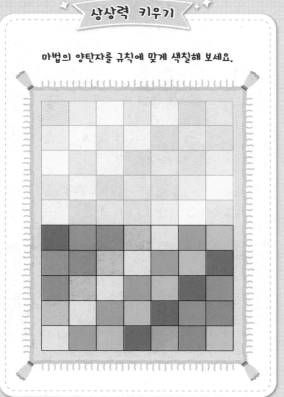

6 덧셈과 뺄셈 (3)

이 단원에서 배울 내용

• 받아올림, 받아내림이 없는 덧셈과 뺄셈

1 (몇십몇) + (몇) (1)   4 (몇십몇) + (몇십몇)   7 (몇십몇) − (몇십)

2 (몇십몇) + (몇) (2)   5 (몇십몇) − (몇) (1)   8 (몇십몇) − (몇십몇)

3 (몇십) + (몇십)   6 (몇십몇) − (몇) (2)   9 덧셈과 뺄셈

1 (몇십몇)+(몇) (1)　📖 개념 쏙쏙

$$11 + 5 = ?$$

10이 넘는 수와 더하는 건 어떡하지?

전부 다 세면 돼!

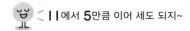

11개를 그리고, 5개를 더 그려서 전부 세면 → 16개!

➡ 11 + 5 = 16

11에서 5만큼 이어 세도 되지~

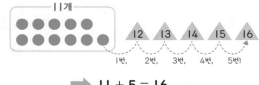

11개

12　13　14　15　16
1번, 2번, 3번, 4번, 5번!

➡ 11 + 5 = 16

✏ 개념 익히기

정답 41쪽

수가 적힌 띠에 알맞게 표시하고, 덧셈을 하세요.

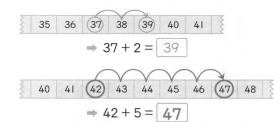

| 35 | 36 | 37 | 38 | 39 | 40 | 41 |

➡ 37 + 2 = 39

| 40 | 41 | 42 | 43 | 44 | 45 | 46 | 47 | 48 |

➡ 42 + 5 = 47

| 52 | 53 | 54 | 55 | 56 | 57 | 58 | 59 |

➡ 53 + 6 = 59

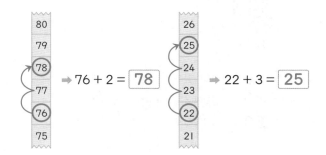

➡ 76 + 2 = 78

➡ 22 + 3 = 25

2 (몇십몇)+(몇) (2)　📖 개념 쏙쏙

★ 31 + 4를 세로셈으로 계산하는 방법

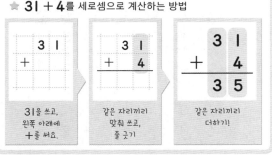

31을 쓰고, 왼쪽 아래에 +를 써요.

같은 자리끼리 맞춰 쓰고, 줄 긋기

같은 자리끼리 더하기!

✏ 개념 익히기

정답 41쪽

그림에 알맞은 덧셈식을 세로셈으로 나타내세요. (계산은 안 해도 됩니다.)

　3　4
+　　5

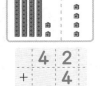

　5　1
+　　8

　4　2
+　　4

✏ 개념 다지기

덧셈을 하세요.

```
  2 2
+   7
-----
  2 9
```

```
  4 5
+   1
-----
  4 6
```

```
  6 4
+   5
-----
  6 9
```

```
  8 2
+   3
-----
  8 5
```

여기서부터는 직접 세로로 써서 계산해 봐~

54 + 3 = 57

```
  5 4
+   3
-----
  5 7
```

71 + 6 = 77

```
  7 1
+   6
-----
  7 7
```

160 161

3 (몇십)+(몇십)　　📖 개념 쏙쏙

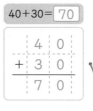

10이 2개 → 20

30 → 10이 3개

50

10이 5개

$$20 \leftarrow 10이 2개$$
$$+ 30 \leftarrow 10이 3개$$
$$\overline{50} \leftarrow 10이 5개$$

→

```
  2 0
+ 3 0
─────
  5 0
```

✏️ 개념 익히기

정답 42쪽

덧셈식을 세로로 쓰고, 계산 결과가 같은 것끼리 선으로 이으세요.

40+30= 70

```
  4 0
+ 3 0
─────
  7 0
```

80+10= 90

```
  8 0
+ 1 0
─────
  9 0
```

20+70= 90

```
  2 0
+ 7 0
─────
  9 0
```

30+50= 80

```
  3 0
+ 5 0
─────
  8 0
```

60+20= 80

```
  6 0
+ 2 0
─────
  8 0
```

10+60= 70

```
  1 0
+ 6 0
─────
  7 0
```

162 163

4 (몇십몇)+(몇십몇)　　📖 개념 쏙쏙

★ 22 + 13 = ?

낱개끼리, 10개씩 묶음끼리 더하기.

```
  2 2
+ 1 3
─────
  3 5
```

✏️ 개념 익히기

정답 42쪽

그림을 보고, 덧셈을 하세요.

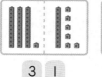

```
  3 1
+ 1 6
─────
  4 7
```

```
  1 5
+ 1 3
─────
  2 8
```

```
  1 1
+ 2 8
─────
  3 9
```

✏️ 개념 다지기

정답 42쪽

덧셈을 하세요.

```
  4 4
+ 2 1
─────
  6 5
```

```
  5 0
+ 3 2
─────
  8 2
```

```
  1 3
+ 6 3
─────
  7 6
```

```
  7 3
+ 2 5
─────
  9 8
```

여기서부터는 직접 세로로 써서 계산해 봐~

35 + 24 = 59

```
  3 5
+ 2 4
─────
  5 9
```

53 + 46 = 99

```
  5 3
+ 4 6
─────
  9 9
```

개념 다지기

정답 43쪽

그림을 보고 물음에 답하세요.

색연필은 모두 몇 자루일까요?

식 $14 + 21 = 35$ 답 35 자루

$\begin{array}{r}14\\+21\\\hline35\end{array}$

과자는 모두 몇 개일까요?

식 $13 + 35 = 48$ 답 48 개

$\begin{array}{r}13\\+35\\\hline48\end{array}$

사과는 모두 몇 개일까요?

식 $27 + 12 = 39$ 답 39 개

$\begin{array}{r}27\\+12\\\hline39\end{array}$

164 초등수학 1학년 2학기

개념 펼치기

정답 43쪽

식을 세우고 물음에 답하세요.

민준이는 지난달에 12권의 책을 읽고, 이번 달에 11권을 더 읽었습니다. 민준이가 두 달간 읽은 책은 모두 몇 권일까요?

식 $12 + 11 = 23$ 답 23 권

$\begin{array}{r}12\\+11\\\hline23\end{array}$

진영이는 아침에 쿠키를 21개 먹고, 저녁에 17개를 더 먹었습니다. 진영이가 오늘 먹은 쿠키는 모두 몇 개일까요?

식 $21 + 17 = 38$ 답 38 개

$\begin{array}{r}21\\+17\\\hline38\end{array}$

동혁이는 빨간 색종이 37장과 노란 색종이 42장으로 종이학을 접었습니다. 동혁이가 사용한 색종이는 모두 몇 장일까요?

식 $37 + 42 = 79$ 답 79 장

$\begin{array}{r}37\\+42\\\hline79\end{array}$

현지는 구슬 63개로 목걸이를 만들고, 구슬 22개로 팔찌를 만들었습니다. 현지가 목걸이와 팔찌를 만드는 데 사용한 구슬은 모두 몇 개일까요?

식 $63 + 22 = 85$ 답 85 개

$\begin{array}{r}63\\+22\\\hline85\end{array}$

6. 덧셈과 뺄셈 (3) 165

개념 펼치기

정답 43쪽

같은 모양에 적힌 수끼리 더해 보세요.

$13 \quad 45 \quad 27 \quad 30 \quad 51 \quad 64$

■ 78 ▲ 75 ● 77

$\begin{array}{r}27\\+51\\\hline78\end{array}$ $\begin{array}{r}45\\+30\\\hline75\end{array}$ $\begin{array}{r}13\\+64\\\hline77\end{array}$

$40 \quad 23 \quad 35 \quad 14 \quad 37 \quad 21$

■ 77 ▲ 56 ● 37

$\begin{array}{r}40\\+37\\\hline77\end{array}$ $\begin{array}{r}35\\+21\\\hline56\end{array}$ $\begin{array}{r}23\\+14\\\hline37\end{array}$

166 초등수학 1학년 2학기

개념 펼치기

합이 큰 것부터 순서대로 글자를 쓰세요.

$52 + 31 = \boxed{83}$ (개)
$\begin{array}{r}52\\+31\\\hline83\end{array}$

$14 + 52 = \boxed{66}$ (가)
$\begin{array}{r}14\\+52\\\hline66\end{array}$

$35 + 13 = \boxed{48}$ (짝)
$\begin{array}{r}35\\+13\\\hline48\end{array}$

$40 + 42 = \boxed{82}$ (구)
$\begin{array}{r}40\\+42\\\hline82\end{array}$

$61 + 13 = \boxed{74}$ (리)
$\begin{array}{r}61\\+13\\\hline74\end{array}$

$21 + 30 = \boxed{51}$ (폴)
$\begin{array}{r}21\\+30\\\hline51\end{array}$

➡ 개 구 리 가 폴 짝
$83 \quad 82 \quad 74 \quad 66 \quad 51 \quad 48$

6. 덧셈과 뺄셈 (3) 167

정답 및 해설 43

168 169

5 (몇십몇)−(몇) (1)

개념 쏙쏙

$$13 - 2 = ?$$

| 13개에서 2개를 지우기 | 13개와 2개를 비교하기 |

지우고 남은 것은 11개

하나씩 짝을 짓고 나서,

남은 것이 차이!

➡ $13 - 2 = 11$

➡ $13 - 2 = 11$

개념 익히기

정답 44쪽

그림을 보고 빈칸을 알맞게 채우세요.

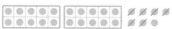

➡ $27 - 6 = \boxed{21}$

➡ $35 - 4 = \boxed{31}$

➡ $28 - 3 = \boxed{25}$

개념 다지기

정답 44쪽

여러 가지 방법으로 뺄셈을 하세요.

$47 - 5 = \boxed{42}$

$38 - 7 = \boxed{31}$

$35 - 5 = \boxed{30}$

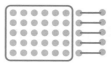

$26 - 4 = \boxed{22}$

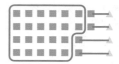

---

170 171

6 (몇십몇)−(몇) (2)

개념 쏙쏙

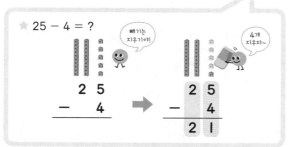

★ $25 - 4 = ?$

빼기는 지우기야!

4개 지우자~

| | 2 | 5 |
| | − | 4 |

➡

	2	5
	−	4
	2	1

개념 익히기

정답 44쪽

빼는 수만큼 연결 모형에 / 표 하고, 뺄셈을 하세요.

	1	8
−		5
	1	3

	3	7
−		6
	3	1

	2	9
−		9
	2	0

개념 다지기

정답 44쪽

뺄셈을 하세요.

	6	4
−		1
	6	3

	5	6
−		2
	5	4

	8	7
−		1
	8	6

	4	9
−		7
	4	2

여기서부터는 직접 세로로 써서 계산해 봐~

$73 - 2 = \boxed{71}$

	7	3
−		2
	7	1

$39 - 4 = \boxed{35}$

	3	9
−		4
	3	5

7 (몇십)−(몇십)

📖 개념 쏙쏙

★ 50 − 20 = ?

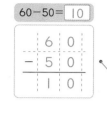

빼기는 **지우기**라는 것만 기억해!

50

50에서 20만큼 지우기

	5	0
−	2	0

➡

	5	0
−	2	0
	3	0

✏️ 개념 익히기

정답 45쪽

여러 가지 방법으로 뺄셈을 하고, 계산 결과가 같은 것끼리 선으로 이으세요.

60−50= 10

	6	0
−	5	0
	1	0

40−20= 20

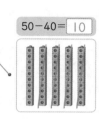

80−60= 20

	8	0
−	6	0
	2	0

50−40= 10

90−50= 40

	9	0
−	5	0
	4	0

70−30= 40

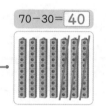

8 (몇십몇)−(몇십몇)

📖 개념 쏙쏙

★ 27 − 14 = ?

14만큼 지워야지.

	2	7
−	1	4

➡

	2	7
−	1	4
	1	3

✏️ 개념 익히기

정답 45쪽

빼는 수만큼 연결 모형에 ╱표 하고, 뺄셈을 하세요.

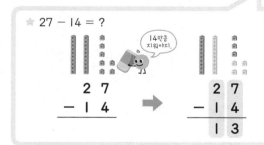

	3	6
−	2	1
	1	5

	2	8
−	1	7
	1	1

	4	9
−	1	3
	3	6

✏️ 개념 다지기

정답 45쪽

뺄셈을 하세요.

	5	8
−	3	6
	2	2

	7	5
−	6	1
	1	4

	9	6
−	4	3
	5	3

	6	4
−	2	4
	4	0

여기서부터는 직접 세로로 써서 계산해 봐~

47 − 23 = 24

	4	7
−	2	3
	2	4

89 − 12 = 77

	8	9
−	1	2
	7	7

정답 및 해설　**45**

정답 및 해설

🖋 개념 다지기

정답 46쪽

관계있는 것끼리 선으로 이으세요.

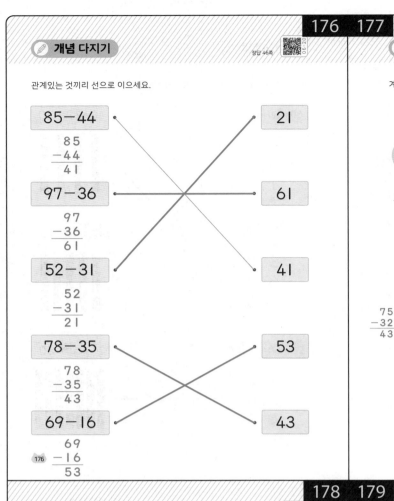

$$85-44$$
$$\begin{array}{r}85\\-44\\\hline 41\end{array}$$

$$97-36$$
$$\begin{array}{r}97\\-36\\\hline 61\end{array}$$

$$52-31$$
$$\begin{array}{r}52\\-31\\\hline 21\end{array}$$

$$78-35$$
$$\begin{array}{r}78\\-35\\\hline 43\end{array}$$

176

$$69-16$$
$$\begin{array}{r}69\\-16\\\hline 53\end{array}$$

21

61

41

53

43

🖋 개념 펼치기

정답 46쪽

계산 결과가 큰 쪽을 따라 길을 찾고, 도착한 곳에 있는 동물에 ○표 하세요.

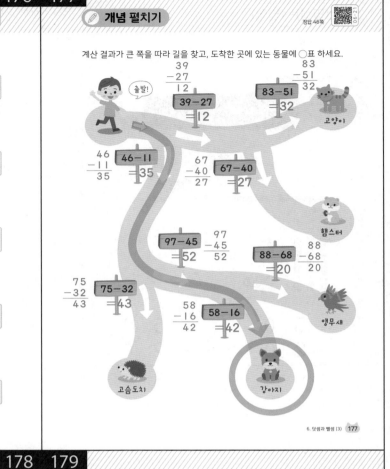

출발!

$$\begin{array}{r}39\\-27\\\hline 12\end{array}$$ 39-27 =12

$$\begin{array}{r}83\\-51\\\hline 32\end{array}$$ 83-51 =32 고양이

$$\begin{array}{r}46\\-11\\\hline 35\end{array}$$ 46-11 =35

$$\begin{array}{r}67\\-40\\\hline 27\end{array}$$ 67-40 =27

햄스터

$$\begin{array}{r}97\\-45\\\hline 52\end{array}$$ 97-45 =52

$$\begin{array}{r}88\\-68\\\hline 20\end{array}$$ 88-68 =20

$$\begin{array}{r}75\\-32\\\hline 43\end{array}$$ 75-32 =43

$$\begin{array}{r}58\\-16\\\hline 42\end{array}$$ 58-16 =42

앵무새

고슴도치   강아지

6. 덧셈과 뺄셈 (3) 177

178 179

🖋 개념 펼치기

정답 46쪽

그림을 보고, 어느 것이 몇 개 더 많은지 구하세요.

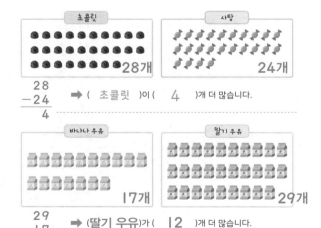

초콜릿 28개
사탕 24개

$$\begin{array}{r}28\\-24\\\hline 4\end{array}$$ ➡ (초콜릿)이 (4)개 더 많습니다.

바나나 우유 17개
딸기 우유 29개

$$\begin{array}{r}29\\-17\\\hline 12\end{array}$$ ➡ (딸기 우유)가 (12)개 더 많습니다.

비스킷 23개
마카롱 13개

$$\begin{array}{r}23\\-13\\\hline 10\end{array}$$ ➡ (비스킷)이 (10)개 더 많습니다.

🖋 개념 펼치기

정답 46쪽

규칙에 따라 빈칸을 채우고 뺄셈을 하세요.

1	2	3	4	5
11	12	13	14	15
21	22	23	24	25

ⓛ − ⊙ = 12

$$\begin{array}{r}24\\-12\\\hline 12\end{array}$$

25	26	27	28	29
35	36	37	38	39
45	46	47	48	49

② − © = 21

$$\begin{array}{r}49\\-28\\\hline 21\end{array}$$

50	51	52	53	54	55
70	71	72	73	74	75
90	91	92	93	94	95

ⓗ − ⑩ = 23

$$\begin{array}{r}93\\-70\\\hline 23\end{array}$$

6. 덧셈과 뺄셈 (3) 179

9 덧셈과 뺄셈

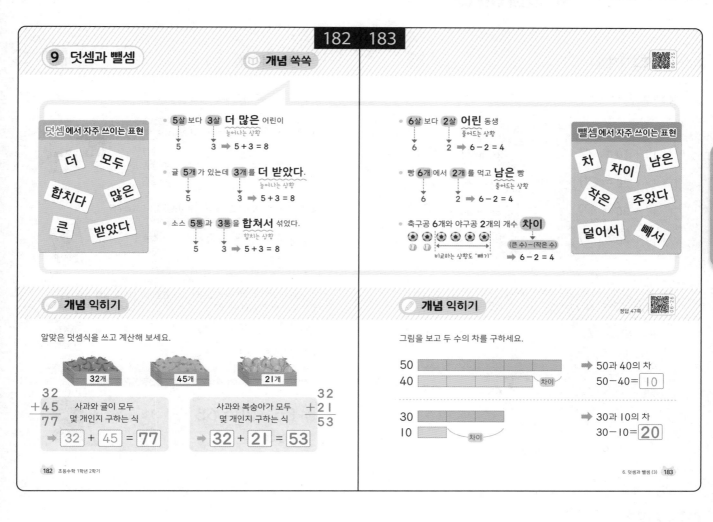

덧셈 에서 자주 쓰이는 표현

더 모두
합치다 많은
큰 받았다

- **5살** 보다 **3살 더 많은** 어린이
  5   3 ➡ 5 + 3 = 8
  늘어나는 상황

- 귤 **5개** 가 있는데 **3개** 를 **더 받았다.**
  5   3 ➡ 5 + 3 = 8
  늘어나는 상황

- 소스 **5통** 과 **3통** 을 **합쳐서** 섞었다.
  5   3 ➡ 5 + 3 = 8
  합치는 상황

- **6살** 보다 **2살 어린** 동생
  6   2 ➡ 6 − 2 = 4
  줄어드는 상황

- 빵 **6개** 에서 **2개** 를 먹고 **남은** 빵
  6   2 ➡ 6 − 2 = 4
  줄어드는 상황

- 축구공 **6개**와 야구공 **2개**의 개수 **차이**
  비교하는 상황도 "빼기" (큰 수)−(작은 수)
  ➡ 6 − 2 = 4

뺄셈 에서 자주 쓰이는 표현

차 차이 남은
작은 주었다
덜어서 빼서

개념 익히기

알맞은 덧셈식을 쓰고 계산해 보세요.

32개 **45개** **21개**

```
  3 2
+ 4 5
─────
  7 7
```
사과와 귤이 모두
몇 개인지 구하는 식
➡ 32 + 45 = 77

사과와 복숭아가 모두
몇 개인지 구하는 식
➡ 32 + 21 = 53
```
  3 2
+ 2 1
─────
  5 3
```

개념 익히기

정답 47쪽

그림을 보고 두 수의 차를 구하세요.

50
40 차이 ➡ 50과 40의 차
             50 − 40 = 10

30
10 차이 ➡ 30과 10의 차
             30 − 10 = 20

정답 및 해설

184 185

개념 다지기

정답 48쪽

덧셈과 뺄셈을 해 보세요.

1
17 + 10 = [27]
17 + 20 = [37]
17 + 30 = [47]
17 + 40 = [57]

2
26 + 31 = [57]
31 + 26 = [57]
34 + 54 = [88]
54 + 34 = [88]

3
59 − 12 = [47]
59 − 13 = [46]
59 − 14 = [45]
59 − 15 = [44]

4
65 − 10 = [55]
65 − 20 = [45]
65 − 30 = [35]
65 − 40 = [25]

개념 펼치기

정답 48쪽

식을 세우고 물음에 답하세요.

키 목장에는 황소가 97마리, 젖소가 74마리 있습니다.
키 목장에 황소가 젖소보다 몇 마리 더 많을까요?

식 | 97 − 74 = 23
답 | 23 마리

$$\begin{array}{r} 97 \\ -74 \\ \hline 23 \end{array}$$

민기는 로봇 카드를 64장 모았고, 성훈이는 33장 모았습니다.
민기는 성훈이보다 로봇 카드가 몇 장 더 많을까요?

식 | 64 − 33 = 31
답 | 31 장

$$\begin{array}{r} 64 \\ -33 \\ \hline 31 \end{array}$$

수족관에 금붕어가 57마리 있습니다. 오늘 금붕어가 11마리 팔렸다면
남은 금붕어는 몇 마리일까요?

식 | 57 − 11 = 46
답 | 46 마리

$$\begin{array}{r} 57 \\ -11 \\ \hline 46 \end{array}$$

지희는 쿠키 85개 중에 20개를 먹었습니다. 남은 쿠키는 몇 개일까요?

식 | 85 − 20 = 65
답 | 65 개

$$\begin{array}{r} 85 \\ -20 \\ \hline 65 \end{array}$$

184쪽

1
$$\begin{array}{r} 17 \\ +10 \\ \hline 27 \end{array}$$

17 + 10 = [27]
그대로 / 10만큼 커짐 / 10만큼 커짐
17 + 20 = [37]
그대로 / 10만큼 커짐 / 10만큼 커짐
17 + 30 = [47]
그대로 / 10만큼 커짐 / 10만큼 커짐
17 + 40 = [57]

2
$$\begin{array}{r} 26 \\ +31 \\ \hline 57 \end{array}$$

26 + 31 = [57]

31 + 26 = [57]

두 수의 순서를 바꾸어
더해도 합은 같습니다.

$$\begin{array}{r} 34 \\ +54 \\ \hline 88 \end{array}$$

34 + 54 = [88]

54 + 34 = [88]

두 수의 순서를 바꾸어
더해도 합은 같습니다.

3
$$\begin{array}{r} 59 \\ -12 \\ \hline 47 \end{array}$$

59 − 12 = [47]
그대로 / 1만큼 커짐 / 1만큼 작아짐
59 − 13 = [46]
그대로 / 1만큼 커짐 / 1만큼 작아짐
59 − 14 = [45]
그대로 / 1만큼 커짐 / 1만큼 작아짐
59 − 15 = [44]

4
$$\begin{array}{r} 65 \\ -10 \\ \hline 55 \end{array}$$

65 − 10 = [55]
그대로 / 10만큼 커짐 / 10만큼 작아짐
65 − 20 = [45]
그대로 / 10만큼 커짐 / 10만큼 작아짐
65 − 30 = [35]
그대로 / 10만큼 커짐 / 10만큼 작아짐
65 − 40 = [25]

1
파란색 모자: 26개
빨간색 모자: 3개

```
  2 6
+   3
  2 9
```

2
```
  2 6
-   3
  2 3
```

7
합
```
  5 5
+   4
  5 9
```
차
```
  5 5
-   4
  5 1
```

8
```
  3 0        6 5
+ 5 6      - 1 5
  8 6        5 0
```

9 각 상황을 식으로 쓰면 다음과 같습니다.
(1) 17-10
(2) 13+14
(3) 19-6

✅ 개념 마무리

[1~2] 그림을 보고 물음에 답하세요.

1 파란색 모자와 빨간색 모자는 모두 몇 개인지 구하세요.

26 + 3 = 29

2 파란색 모자가 빨간색 모자보다 몇 개 더 많은지 구하세요.

26 - 3 = 23

3 계산해 보세요.
(1)
```
  3 0
+ 5 0
  8 0
```
(2)
```
  6 2
+ 3 4
  9 6
```

4 그림을 보고 뺄셈을 하세요.

49 - 18 = 31

5 계산해 보세요.
(1)
```
  9 0
- 6 0
  3 0
```
(2)
```
  8 6
- 7 4
  1 2
```

6 은채가 말하는 수를 구하세요.

39보다 7만큼 더 작은 수야.
은채

(32)

186 초등수학 1학년 2학기

정답 49쪽

7 두 수의 합과 차를 구하세요.

55   4

합: 59
차: 51

8 계산 결과를 비교하여 ○ 안에 >, =, <를 알맞게 쓰세요.

30+56 > 65-15
=86   =50

9 다음 중 뺄셈식이 어울리는 상황에 ○표 하세요.
(1) 감자 17개와 고구마 10개가 있는데, 감자가 고구마보다 몇 개 더 많은지 구할 때 ·········(○)
→ 차이
(2) 수민이는 색연필 13자루, 한경이는 색연필 14자루를 가지고 있는데, 두 사람이 가진 색연필이 모두 몇 자루인지 구할 때 ·········( )
(3) 바나나 19개 중에 6개를 먹고, 남은 바나나가 몇 개인지 구할 때 (○)
→ 줄어드는 상황

10 빈칸에 알맞은 수를 쓰세요.

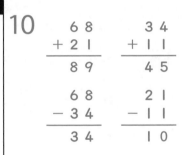

[11~12] 물음에 답하세요.

28 98 70
53 16

11 둘째로 큰 수와 가장 작은 수의 합을 구하세요.

70 + 16 = 86

12 가장 큰 수와 셋째로 작은 수의 차를 구하세요.

98 - 53 = 45

6. 덧셈과 뺄셈 (3) 187

4
```
  4 9
- 1 8
  3 1
```

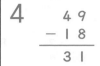

6
```
  3 9
-   7
  3 2
```

10
```
  6 8        3 4
+ 2 1      + 1 1
  8 9        4 5

  6 8        2 1
- 3 4      - 1 1
  3 4        1 0
```

11 가장 큰 수부터 순서대로 쓰면 98, 70, 53, 28, 16입니다.

둘째로 큰 수: 70
가장 작은 수: 16

```
  7 0
+ 1 6
  8 6
```

12 가장 큰 수: 98
셋째로 작은 수: 53

```
  9 8
- 5 3
  4 5
```

정답 및 해설 **49**

13

$$\begin{array}{r} 42 \\ +\ 35 \\ \hline 77 \end{array}\qquad \begin{array}{r} 12 \\ +\ 13 \\ \hline 25 \end{array}\qquad \begin{array}{r} 81 \\ +\ 2 \\ \hline 83 \end{array}$$

$$\begin{array}{r} 98 \\ -\ 15 \\ \hline 83 \end{array}\qquad \begin{array}{r} 49 \\ -\ 24 \\ \hline 25 \end{array}\qquad \begin{array}{r} 79 \\ -\ 2 \\ \hline 77 \end{array}$$

14

$$\begin{array}{r} 23 \\ +\ 36 \\ \hline 59 \end{array}$$

15

$$\begin{array}{r} 83 \\ -\ 21 \\ \hline 62 \end{array}$$

18

$$\begin{array}{r} 32 \\ +\ 37 \\ \hline 69 \end{array}\qquad \begin{array}{r} 69 \\ -\ 45 \\ \hline 24 \end{array}$$

19

〈단풍잎〉

$$\begin{array}{r} 47 \\ -\ 11 \\ \hline 36 \end{array}$$

〈은행잎〉

$$\begin{array}{r} 56 \\ -\ 23 \\ \hline 33 \end{array}$$

188

✓ **개념 마무리**

13 계산 결과가 같은 것끼리 선으로 이으세요.

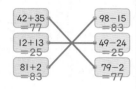

14 동물원에 곰 23마리와 호랑이 36마리가 있습니다. 동물원에 있는 곰과 호랑이는 모두 몇 마리일까요?

식 $23+36=59$

답 59 마리

15 오늘 맛나 카페에서 과일주스는 83잔 팔았고, 코코아는 과일주스보다 21잔 적게 팔았습니다. 오늘 하루 맛나 카페에서 판 코코아는 모두 몇 잔일까요?

식 $83-21=62$

답 62 잔

188 초등수학 1학년 2학기

16 각자 가지고 있는 수 카드 중, 큰 수에서 작은 수를 빼려고 합니다. 뺄셈 결과가 더 큰 사람에 ○표 하세요.

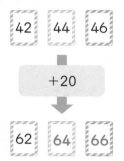

17 그림을 보고 빈 카드에 알맞은 수를 쓰세요.

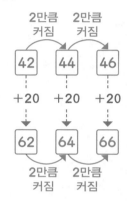

189

정답 50쪽

18 빈칸에 알맞은 수를 쓰세요.

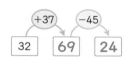

19 혜리가 쓴 글을 읽고, 빈칸에 알맞은 수를 쓰세요.

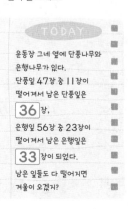

운동장 그네 옆에 단풍나무와 은행나무가 있다.
단풍잎 47장 중 11장이 떨어져서 남은 단풍잎은 **36**장,
은행잎 56장 중 23장이 떨어져서 남은 은행잎은 **33**장이 되었다.
남은 잎들도 다 떨어지면 겨울이 오겠지?

20 📝서술형 지윤이네 반은 남학생이 12명, 여학생이 13명이고, 민우네 반은 남학생이 18명, 여학생이 11명입니다. 어느 반 학생이 몇 명 더 많은지 풀이 과정을 쓰고 답을 구하세요.

풀이
예 지윤이네 반의 학생 수는 $12+13=25$(명)이고, 민우네 반의 학생 수는 $18+11=29$(명)입니다.
따라서 지윤이네 반과 민우네 반의 학생 수의 차는 $29-25=4$(명)입니다.

➡ 민우 네 반 학생이 4 명 더 많습니다.

6. 덧셈과 뺄셈 (3) 189

16

지원
$$\begin{array}{r} 53 \\ -\ 2 \\ \hline 51 \end{array}$$

연우
$$\begin{array}{r} 58 \\ -\ 4 \\ \hline 54 \end{array}$$

➡ 연우가 더 큼

17

2만큼 커짐 → 2만큼 커짐

$\boxed{42}$ $\boxed{44}$ $\boxed{46}$

$+20$ $+20$ $+20$

$\boxed{62}$ $\boxed{64}$ $\boxed{66}$

2만큼 커짐 ← 2만큼 커짐

6 덧셈과 뺄셈 (3)

상상력 키우기

1 여러분의 이름을 가로와 세로로 써 보세요.

예 가로 : 홍길동

세로 : 홍
         길
         동

2 덧셈식이 어울리는 상황을 자유롭게 써 보세요.

예 나는 8살이고, 언니는 11살입니다.
언니와 나의 나이의 합은 얼마인지
구할 때 덧셈을 사용합니다.